は じ め に

「算数は、計算はできるけれど、文章題は苦手……」
「『ぶんしょうだい』と聞くと、『むずかしい』」
と、そんな声を聞くことがあります。

たしかに、文章題を解くときには、
・文章をていねいに読む
・必要な数、求める数が何か理解する
・式を作り、解く
・解答にあわせて数詞を入れて答えをかく
と、解いていきます。

しかし、文章題は「基本の型」が分かれば、決して難しいものではありません。しかも、文章題の「基本の型」はシンプルでやさしいものです。

基本の型が分かると、同じようにして解くことができるので、自分の力で解ける。つまり、文章題がらくらく解けるようになります。

本書は、基本の型を知り文章題が楽々解ける構成にしました。
●最初に、文章題の「☆基本の型」が分かる
●2ページ完成。☆が分かれば、他の問題も自分で解ける
●なぞり文字で、つまずきやすいポイントをサポート

お子様が、無理なく取り組め、学力がつく。
そんなドリルを目指しました。

本書がお子様の学力育成の一助になれば幸いです。

陰山英男・三木俊一

文章題に取り組むときは

①問題文を何回も読んで覚えること
②立式に必要な数量を見分けること
③何を問うているかが分かること

②は、必要な数量に──を、③は問うている文に〜〜を引きます。さらに、図や表で表すと考え方が深まります。「単位量あたり」や「割合」の４マス表は、数量の関係がよく理解できます。４マス表がない所も、自分でかいてみるとよいでしょう。

（例）P.85

北本さんは、たっ球の40試合で23勝しました。
勝率を求め、歩合で表しましょう。

?	23
1	40

$23 ÷ 40 = 0.575$

答え　５割７分５厘

もくじ

小数のかけ算 ①

名前

☆ 　1本の重さが1.2kgの鉄のパイプがあります。
　　このパイプ8本分の重さは何kgですか。

$$\begin{array}{r} 1.2 \\ \times\ \ 8 \\ \hline 9.6 \end{array}$$

1本　1.2kg

式　| 1.2 | × | 8 | = | |

小数点を書くのを
わすれないでね。

答え　　　　　　　　　kg

・パイプ→管のこと。ガスや水を送るのに使う。

1　1本の重さが1.8kgの鉄のぼうがあります。
　この鉄のぼう5本分の重さは何kgですか。

$$\begin{array}{r} 1.8 \\ \times\ \ 5 \\ \hline 9.0 \end{array}$$

1本　1.8kg

式　| 1.8 | × | | = | |

答え　　　　　　　　kg

2 水を 4.2Lずつ 12個のポリタンクに入れました。
   ポリタンクの水は全部で何Lですか。

```
    4.2
  ×  12
  ─────
    8 4
  4 2
```

式 □ × 12 = □

答え _____ L

3 水を 3.5Lずつ 24本のポリタンクに入れました。
   ポリタンクの水は全部で何Lですか。

```
    3.5
  ×  24
  ─────

```

式 □ × □ = □

答え _____ L

4 食塩が 1ふくろに 0.75kgずつ入っています。
   6ふくろ分の食塩の重さは何kgですか。

```
   0.75
  ×
  ─────
```

式 □ × □ = □

食塩
0.75kg

答え _____ kg

小数のかけ算 ②

名前

☆1　たてが6m、横が0.8mの長方形の花だんがあります。
　　この花だんの面積は何m²ですか。

式　6 × 0.8 = 4.8

答え　　　　　　　m²

☆2　たてが5m、横が0.8mの長方形の花だんがあります。
　　この花だんの面積は何m²ですか。

式　5 × 0.8 = 4.0

答え　　　　　　　m²

1　たてが8m、横が4.6mの長方形の花だんがあります。
　　この花だんの面積は何m²ですか。

$$\begin{array}{r} 8 \\ \times\ 4.6 \\ \hline 48 \\ 32 \\ \end{array}$$

式　8 × 　　　 = 　　　

答え　　　　　　　m²

2 たての長さ 12 m、横の長さが 8.3 mの長方形の畑が
あります。この畑の面積は何m²ですか。

$$\begin{array}{r} 1\ 2 \\ \times \\ \hline \end{array}$$

式 [　] × 8.3 = [　]

答え ＿＿＿＿＿＿ m²

3 たての長さが 25 m、横の長さが 8.4 mの長方形
のさつまいも畑があります。この畑の面積は何
m²ですか。

$$\begin{array}{r} 2\ 5 \\ \times \\ \hline \end{array}$$

式 [　] × [　] = [　]

答え ＿＿＿＿＿＿ m²

4 たてが 30 m、横が 9.5 mの長方形のじゃがいも
畑があります。この畑の面積は何m²ですか。

式 [　] × [　] = [　]

答え ＿＿＿＿＿＿ m²

7

小数のかけ算 ③

☆　1 m が 65 円のリボンがあります。

① 2.6 m の代金は何円ですか。

式　65 × 2.6 = ☐

答え　　　　　　　　円

```
      6 5
  ×   2.6
    3 9 0
  1 3 0
  1 6 9.0
```

② 3.8 m の代金は何円ですか。

式　65 × 3.8 = ☐

答え　　　　　　　　円

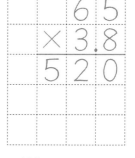

```
      6 5
  ×   3.8
    5 2 0
```

・リボン──結んでかざりにする色やもようのついた細長い織物

1 　1 m が 70 円のリボンがあります。
　4.5 m の代金は何円ですか。

```
      7 0
  ×   4.5
```

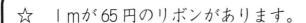

―――――1 m・70円―――――

式　70 × ☐ = ☐

答え　　　　　　　　円

2 1分間に 26 Lの水を出す水道管があります。
   3.4分間では、何Lの水が出ますか。

式 □ × □ = □

答え _____ L

3 1分間に 60 Lの水を出す水道管があります。
   5.8分間では、何Lの水が出ますか。

式 □ × □ = □

答え _____ L

4 1mの重さが 18 kgの鉄のぼうがあります。
   この鉄のぼう 0.45 mの重さは何kgですか。

1m・18kg

式 □ × 0.45 = □

答え _____ kg

$$\begin{array}{r} 1\,8 \\ \times\,0.4\,5 \\ \hline \end{array}$$

9

小数のかけ算 ④

名前

☆　1mの重さが1.4kgのパイプがあります。
　　このパイプ0.6mの重さは何kgですか。

```
    1.4
  × 0.6
  0.8 4
```

↑
小数点は
ここ

小数点を書くところに
気をつけよう

1m・1.4kg

0.6m・?kg

式　$1.4 \times 0.6 = 0.84$

答え　　　　　　　　kg

1　1mの重さが1.5kgの鉄のぼうがあります。
　　この鉄のぼう0.6mの重さは何kgですか。

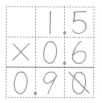

```
    1.5
  × 0.6
  0.9 0
```

1m・1.5kg

0.6m・?kg

式　$1.5 \times \boxed{} = \boxed{}$

答え　　　　　　　kg

2　1Lの重さ1.3kgの食塩水があります。
　この食塩水0.8Lの重さは何kgですか。

食塩水
0.8L

式　☐ × 0.8 = ☐

答え　　　　　　　kg

3　たてが3.8m、横が0.8mの花だんがあります。
　この花だんの面積は何m²ですか。

式　☐ × ☐ = ☐

答え　　　　　　　m²

4　犬の体重は7.6kgです。ねこの体重は、犬の体重の
　0.6倍です。ねこの体重は何kgですか。

式　☐ × ☐ = ☐

答え　　　　　　　kg

小数のかけ算 ⑤

名前

☆　たての長さが3.5mで、横の長さが1.8mの長方形の豆の畑があります。

この畑の面積は何m²ですか。

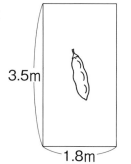
3.5m
1.8m

```
    3.5
×   1.8
  2 8 0
  3 5
  6.3 0
```

式 $3.5 \times 1.8 = \boxed{}$

答え ＿＿＿＿＿＿ m²

1　たての長さが1.8mで、横の長さが4.5mの長方形のひまわりの畑があります。

この畑の面積は何m²ですか。

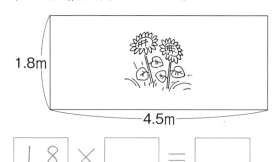
1.8m
4.5m

```
    1.8
×   4.5
    9 0
```

式 $1.8 \times \boxed{} = \boxed{}$

答え ＿＿＿＿＿＿ m²

2 たての長さが2.4mで、横の長さが3.5mの長方形のコスモスの畑があります。
　　この畑の面積は何m²ですか。

式　□ × 3.5 = □

答え　　　　　　　　m²

3 1dLのペンキで1.5m²の板をぬることができます。
　　このペンキ2.8dLでは、何m²の板をぬることができますか。

式　□ × □ = □

答え　　　　　　　　m²

4 1Lの重さが1.6kgのジャムがあります。
　　このジャム3.5Lの重さは何kgですか。

式　□ × □ = □

答え　　　　　　　　kg

小数のかけ算 ⑥

名前

☆　4じょう半の部屋は正方形です。

　1辺の長さは、2.7mです。

　4じょう半の部屋の面積は、何m²ですか。（電たく）

・たたみ1まいが1じょうです。

4じょう半の部屋

2.7m

2.7m

式　$\boxed{2.7} \times \boxed{2.7} = \boxed{7.29}$

答え　　　　　　　　m²

1　たてが3.6m、横が3.6mになるように体育のマットをしきました。体育のマットをしいた面積は何m²ですか。

式　$\boxed{} \times \boxed{} = \boxed{}$

答え　　　　　　　　m²

$\boxed{} \times $

14

2 たての長さが3.8m、横の長さが8.4mのなす
の畑があります。この畑の面積は何m²ですか。

式　□　×　□　＝　□

答え　　　　　　　m²

3 正方形の花だんがあります。花だんの1辺の
長さは、4.6mです。
　　この花だんの面積は何m²ですか。

式　□　×　4.6　＝　□

答え　　　　　　　m²

4 たての長さが5.4m、横の長さが6.5mのピー
マンの畑があります。この畑の面積は何m²です
か。

式　□　×　□　＝　□

答え　　　　　　　m²

小数のかけ算

1 水を 3.6L ずつ水そうに 15 個入れました。
水そうの水は全部で何L ですか。

（式10点，答え10点）

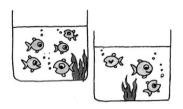

式 □ × □ = □

答え ＿＿＿＿＿ L

2 たてが 22 m、横が 9.6 m の長方形のコートで
ドッジボールをしました。
このコートの面積は何㎡ ですか。

（式10点，答え10点）

式 □ × □ = □

答え ＿＿＿＿＿ ㎡

3 お父さんの体重は 55.5kg です。なおとさんの
体重は、お父さんの 0.4 倍です。なおとさんの
体重は何 kg ですか。　　　　　(式10点，答え10点)

式　□　×　□　＝　□

答え　　　　　　　　kg

4 1L の重さが 1.2kg のしょうゆがあります。
このしょうゆ 4.3L の重さは何 kg ですか。

(式10点，答え10点)

式　□　×　□　＝　□

答え　　　　　　　　kg

5 8 じょうの部屋は正方形です。
1 辺の長さは、3.6m です。
この部屋の面積は何 m² ですか。
(電たくを使ってもよい)

(式10点，答え10点)

8 じょうの部屋

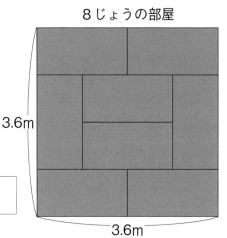

3.6m

3.6m

式　□　×　□　＝　□

答え　　　　　　　　m²

小数のわり算 ①

名前

☆　長さ 7.2 m のロープがあります。
これを同じ長さずつ３本に切ります。
１本の長さは何ｍになりますか。

7.2m
? m　? m　? m

```
    2.4
3)7.2
  6
  1 2
  1 2 0
      0
```

式　[7.2] ÷ [3] = [　]

答え　　　　　　　　m

1　長さ 7.2 m のロープがあります。
これを同じ長さずつ４本に切ります。
１本の長さは何ｍになりますか。

7.2m
? m　? m　? m　? m

```
    1.
4)7.2
  4
```

式　[7.2] ÷ [　] = [　]

答え　　　　　　　　m

2 9.5mのロープがあります。これを2mずつ切って
いくと、何本とれて何mあまりますか。

9.5m

2m　2m　2m　2m　?m

$$\begin{array}{r} 4. \\ 2\overline{\smash{)}9.5} \\ 8 \\ \hline 1.5 \end{array}$$

式　$9.5 \div 2 =$ 　　あまり 　　

答え　　本，あまり　　m

---

3 9.5mのロープがあります。これを3mずつ切って
いくと、何本とれて何mあまりますか。

9.5m

3m　3m　3m　?

式　　 $\div 3 =$ 　　あまり 　　

答え　　本，あまり　　m

---

4 9.5mのロープがあります。これを4mずつ切って
いくと、何本とれて何mあまりますか。

9.5m

4m　4m　? m

式　　 $\div$ 　　$=$ 　　あまり 　　

答え　　本，あまり　　m

19

小数のわり算 ②

名前

☆　長さ7mのリボンがあります。
　これを0.5mずつ切っていきます。
　0.5mのリボンは何本できますか。

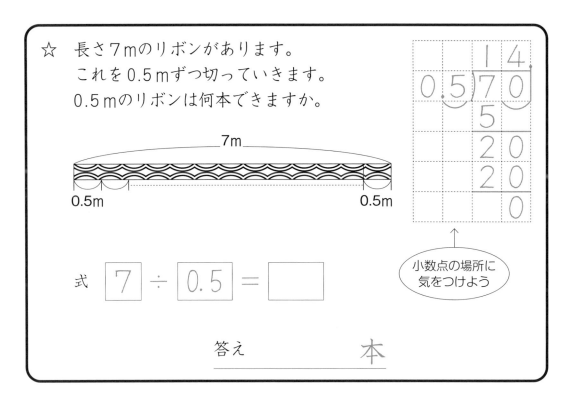

7m

0.5m　　　　　　　　　　0.5m

小数点の場所に
気をつけよう

式　$7 ÷ 0.5 = \boxed{}$

答え　　　　　　本

1　長さ6mのリボンがあります。
　これを0.5mずつ切っていきます。
　0.5mのリボンは何本できますか。

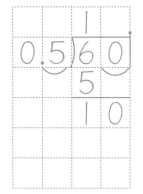

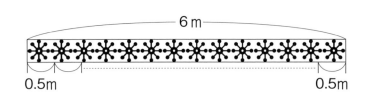

6m

0.5m　　　　　　　　　　0.5m

式　$6 ÷ \boxed{} = \boxed{}$

答え　　　　　　本

2   8mのリボンから、0.5mのリボンは何本切り
取れますか。

8m

式 □ ÷ □ = □

答え _____ 本

$0.5\overline{)8}$

3   9mのリボンから、0.6mのリボンは何本切り
取れますか。

9m

式 □ ÷ □ = □

答え _____ 本

$0.6\overline{)9}$

4   6mのリボンから、1.2mのリボンは何本切り
取れますか。

6m

式 □ ÷ □ = □

答え _____ 本

$1.2\overline{)6}$

小数のわり算 ③

名前

☆　長さが2.5mの鉄のぼうがあります。
重さは10kgです。この鉄のぼう1mの
重さは何kgですか。

```
          4
2.5)1 0 0
    1 0 0
        0
```

2.5m・10kg

1m・? kg

式　$\boxed{10} \div \boxed{2.5} = \boxed{}$

答え _____ kg

1　長さが2.4mの鉄のぼうがあります。
重さは12kgです。この鉄のぼう1mの重
さは何kgですか。

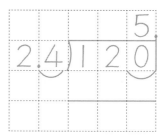
```
          5
2.4)1 2 0
```

2.4m・12kg

1m・?kg

式　$\boxed{12} \div \boxed{} = \boxed{}$

答え _____ kg

2 1.4Lのペンキで、35mの線が引けました。
ペンキ1Lなら何mの線が引けますか。

式 [　　] ÷ [1.4] = [　　]

答え _____ m

3 しょうゆが27Lあります。これを1.8Lずつ、
ペットボトルに入れていくと、何本できます
か。

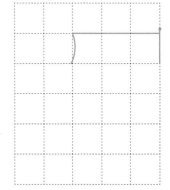

式 [　　] ÷ [　　] = [　　]

答え _____ 本

4 35kgの米を、2.5kgずつふくろに入れてい
くと、何ふくろできますか。

式 [　　] ÷ [　　] = [　　]

答え _____ ふくろ

..............月.....日

☆　ジュースが 13.5 L あります。これを
0.5 L ずつびんに入れます。0.5 L 入りの
びんは、何本できますか。

```
        2 7
0.5)1 3.5
    1 0
      3 5
      3 5
        0
```

式　13.5 ÷ 0.5 =

答え　　　　　　　本

1　牛にゅうが 20.4 L あります。これを 0.6 L
ずつびんに入れます。0.6 L 入りのびんは、何
本できますか。

```
        3
0.6)2 0.4
    1 8
      2 4
```

式　20.4 ÷ 0.6 =

答え　　　　　　本

24

2 0.8Lのガソリンで14.4km走る軽自動車があります。この軽自動車は、ガソリン1Lで何km走りますか。

式　□ ÷ □ ＝ □

答え　　　　　　km

$$0.8\overline{)14.4}$$

3 0.9Lのガソリンで17.1km走るスクーターがあります。このスクーターは、ガソリン1Lで何km走りますか。

式　□ ÷ □ ＝ □

答え　　　　　　km

4 1個の重さが0.4kgのバターが何個かあります。全部の重さをはかったら、21.6kgありました。バターは何個ありますか。

式　□ ÷ □ ＝ □

答え　　　　　　個

小数のわり算 ⑤

名前

☆ 長さ 25.5 m のロープがあります。
これを 1.7 m ずつ切っていきます。
1.7 m のロープは何本できますか。

```
        1 5
1.7)2 5.5
    1 7
      8 5
      8 5
        0
```

1.7m

？
本

式 $25.5 ÷ 1.7 = \boxed{}$

答え　　　本

1 長さ 38.4 m のリボンがあります。
これを 1.6 m ずつ切っていきます。
1.6 m のリボンは何本できますか。

```
        2
1.6)3 8.4
    3 2
      6 4
```

？
本

式 $38.4 ÷ 1.6 = \boxed{}$

答え　　　本

2 1.4Lのガソリンで、25.2km走るオートバイがあります。このオートバイは、ガソリン1Lで何km走りますか。

式　25.2 ÷ ☐ = ☐

答え ＿＿＿＿ km

3 ウーロン茶が64.8Lあります。これを1.8Lずつ、ペットボトルに入れていくと、何本できますか。

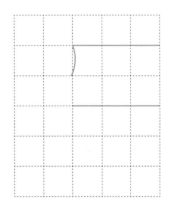

式　☐ ÷ ☐ = ☐

答え ＿＿＿＿ 本

4 小麦粉が38.4kgあります。これを1.2kgずつ、ふくろに入れていくと、何ふくろできますか。

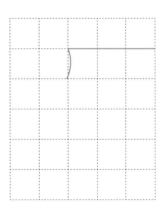

式　☐ ÷ ☐ = ☐

答え ＿＿＿＿ ふくろ

小数のわり算 ⑥

名前

☆ 長方形の板の間があります。
面積は 8.84 m² です。
たての長さは 2.6 m です。
横の長さは何mですか。
（電たく使用）

板の間

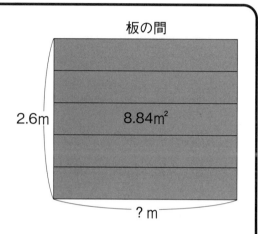

2.6m　　　8.84m²

? m

式 $\boxed{8.84} \div \boxed{2.6} = \boxed{}$

答え 　　　　 m

1 　6じょうの部屋があります。
面積は 9.72 m² です。
たての長さは 3.6 m です。
横の長さは何mですか。
（電たく使用）

6じょうの部屋

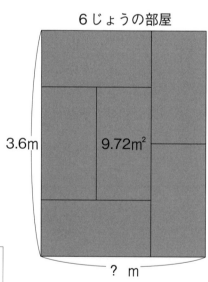

3.6m　　　9.72m²

? m

式 $\boxed{9.72} \div \boxed{} = \boxed{}$

答え 　　　　 m

2 長方形の畑があります。たての長さは6.75mです。横の長さは2.5mです。たての長さは、横の長さの何倍ですか。（電たく使用）

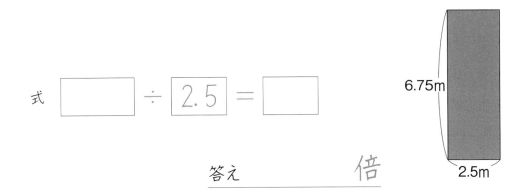

式 ［　　　　　］ ÷ ［2.5］ = ［　　　　　］

答え ＿＿＿＿＿＿ 倍

6.75m

2.5m

3 赤いテープが9.52mあります。赤いテープの長さは、白いテープの長さの3.4倍です。白いテープは何mありますか。（電たく使用）

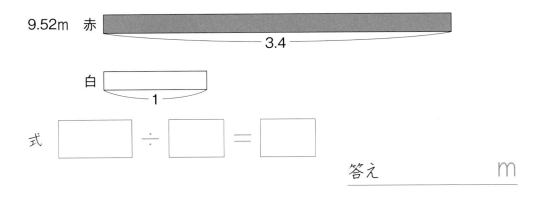

9.52m　赤
3.4

白
1

式 ［　　　　　］ ÷ ［　　　　　］ = ［　　　　　］

答え ＿＿＿＿＿＿ m

4 白いテープは9.12mあります。白いテープの長さは、青いテープの長さの2.4倍です。青いテープは何mありますか。（電たく使用）

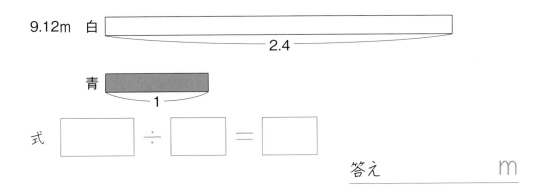

9.12m　白
2.4

青
1

式 ［　　　　　］ ÷ ［　　　　　］ = ［　　　　　］

答え ＿＿＿＿＿＿ m

小数のわり算

名前

1 長さ9.2mのリボンを、4本に切って分けます。
  1本の長さは何mになりますか。

（式10点，答え10点）

式 [　　　] ÷ [　　　] = [　　　]

答え _____ m

2 1.8Lペンキで、45mの線が引けました。
  ペンキ1Lなら何mの線が引けますか。

（式10点，答え10点）

式 [　　　] ÷ [　　　] = [　　　]

答え _____ m

3 水が12.8Lあります。これを0.8Lずつ水とうに
入れます。0.8L入りの水とうは、何個できます
か。   （式10点，答え10点）

式　□ ÷ □ = □

答え　　　　　　　　個

4 お米が30.8kg入ったふくろがあります。
　これを1.1kgずつべつのふくろに分けると、
何ふくろできますか。   （式10点，答え10点）

式　□ ÷ □ = □

答え　　　　　ふくろ

5 8.96mの白いテープがあります。
　白いテープの長さは、青いテープの長さの
3.2倍です。青いテープは何mありますか。
                            （式10点，答え10点）

式　□ ÷ □ = □

答え　　　　　　　　m

31

□を使う問題 ①

名前

☆　谷さんは、お姉さんから色紙を 15 まいもらったので、全部で 50 まいになりました。谷さんは、はじめに色紙を何まい持っていましたか。はじめに持っていた色紙の数を□まいとして式で表し、答えを求めましょう。

式　　□ ＋ 15 ＝ 50

　　　　　□ ＝ 50 － 15

　　　　　　 ＝

答え　　　　　まい

1　りんごが何kgかあります。0.2 kgの入れ物に入れて、全体の重さをはかったら、ちょうど5kgありました。りんごだけの重さは何kgですか。りんごの重さを□kgとして式で表し、答えを求めましょう。

式　　□ ＋ 0.2 ＝ 5

　　　　　□ ＝ 5 －

　　　　　　 ＝

答え　　　　　kg

☆　バスからお客さんが 14 人おりました。まだ、26 人乗っています。バスには、はじめにお客さんは何人乗っていましたか。はじめに乗っていたお客さんの人数を□人として式に表し、答えを求めましょう。

式　　□ － $\boxed{14}$ ＝ $\boxed{26}$

　　　　　□ ＝ $\boxed{26}$ ＋ $\boxed{14}$

　　　　　　 ＝ $\boxed{}$

答え ＿＿＿＿＿＿＿ 人

2　ジュースが何Lかあります。きょう、0.6 L飲んだので、残りが 1.4 L になりました。ジュースは、はじめに何Lありましたか。はじめにあったジュースの量を□Lとして式に表し、答えを求めましょう。

式　　□ － $\boxed{0.6}$ ＝ $\boxed{1.4}$

　　　　　□ ＝ $\boxed{1.4}$ ＋ $\boxed{}$

　　　　　　 ＝ $\boxed{}$

答え ＿＿＿＿＿＿＿ L

□を使う問題 ② 名前

☆　同じねだんのあめを5個買って100円はらいました。このあめ
　1個のねだんは何円ですか。
　　このあめ1個のねだんを□円として式に表し、答えを求めま
　しょう。

式　　□ × 5 = 100

　　　□ = 100 ÷ 5

　　　□ =

答え　　　　　　　円

1　同じ重さの本が6さつあります。本6さつの重さは1.8kgです。こ
　の本1さつの重さは何kgですか。
　　本1さつの重さを□kgとして式に表し、答えを求めましょう。

式　　□ × □ = 1.8

　　　□ = 1.8 ÷ □

　　　□ =

NATURE

答え　　　　　　kg

☆　せんべいが何まいかあります。10 ふくろに同じ数ずつ入れていくと、1 ふくろが 7 まいになりました。せんべいは全部で何まいありましたか。
　　せんべい全部を□まいとして式に表し、答えを求めましょう。

式　$\boxed{} \div \boxed{10} = \boxed{7}$

　　　　$\boxed{} = \boxed{7} \times \boxed{10}$

　　　　　　　$= \boxed{}$

答え　　　　　まい

2　牛にゅうを 6 人で同じ量ずつ分けたら、1 人分は 0.5L になりました。牛にゅうは全部で何 L ありましたか。
　　牛にゅう全部の量を□として式で表し、答えを求めましょう。

式　$\boxed{} \div \boxed{} = \boxed{0.5}$

　　　　$\boxed{} = \boxed{0.5} \times \boxed{}$

　　　　　　　$= \boxed{}$

答え　　　　　L

分数のたし算 ①

名前

☆　ジュースが１つのびんに $\frac{3}{8}$ L、もう１つのびんに $\frac{1}{4}$ L入っています。ジュースは全部で何Lありますか。

式　$\frac{3}{8} + \frac{1}{4} = \frac{3}{8} + \frac{2}{8}$

$= \frac{\square}{8}$

答え　$\frac{\square}{\square}$ L

1　牛にゅうが１つのびんに $\frac{3}{10}$ L、もう１つのびんに $\frac{2}{5}$ L入っています。牛にゅうは全部で何Lありますか。

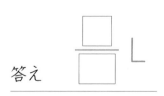

式　$\frac{3}{10} + \frac{2}{5} = \frac{\square}{10} + \frac{4}{10}$

$= \frac{\square}{10}$

答え　$\frac{\square}{\square}$ L

② さくらんぼが1つの箱に $\frac{2}{3}$ kg、もう1つの箱に $\frac{1}{6}$ kg入っています。さくらんぼは全部で何kgありますか。

式 $\dfrac{2}{3} + \dfrac{1}{6} = \dfrac{\boxed{}}{6} + \dfrac{\boxed{}}{6}$

$= \dfrac{\boxed{}}{6}$

答え $\dfrac{\boxed{}}{\boxed{}}$ kg

③ 赤いテープが $\frac{5}{9}$ m、白いテープが $\frac{2}{3}$ mあります。

2本のテープをつなぐと何mになりますか。

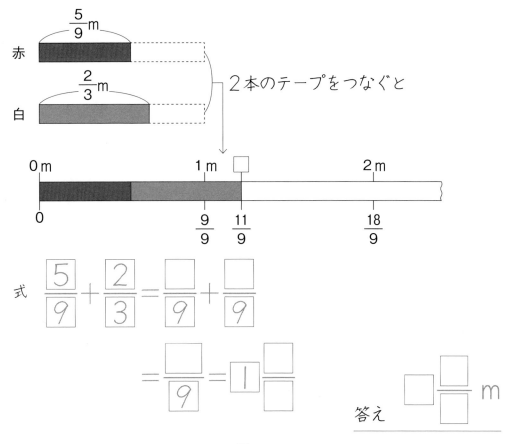

式 $\dfrac{5}{9} + \dfrac{2}{3} = \dfrac{\boxed{}}{9} + \dfrac{\boxed{}}{9}$

$= \dfrac{\boxed{}}{9} = 1\dfrac{\boxed{}}{\boxed{}}$

答え $\boxed{}\dfrac{\boxed{}}{\boxed{}}$ m

............月......日

☆　びんに牛にゅうが $\frac{1}{3}$ L 入っています。

そのびんに牛にゅうを $\frac{2}{5}$ L 入れると、全部で何Lになりますか。

式　$\dfrac{1}{3} + \dfrac{2}{5} = \dfrac{5}{15} + \dfrac{6}{15}$

$\dfrac{1}{3} \longleftrightarrow \dfrac{2}{5}$ のほうへ

かけると、$\dfrac{5}{15}$ $\dfrac{6}{15}$ となる。

$= \dfrac{\boxed{}}{15}$

答え　$\dfrac{\boxed{}}{\boxed{}}$ L

1　いちごが 1 つの箱に $\frac{2}{5}$ kg、もう 1 つの箱に $\frac{1}{4}$ kg入っています。

全部で何kgになりますか。

式　$\dfrac{2}{5} + \dfrac{1}{4} = \dfrac{8}{20} + \dfrac{\boxed{}}{20}$

$= \dfrac{\boxed{}}{20}$

答え　$\dfrac{\boxed{}}{\boxed{}}$ kg

2 ウーロン茶が１つのペットボトルに$\frac{3}{4}$L、もう１つのペットボトル

に$\frac{1}{7}$L入っています。全部で何Lになりますか。

式 $\dfrac{3}{4} + \dfrac{1}{7} = \dfrac{\boxed{}}{28} + \dfrac{\boxed{}}{\boxed{}}$

$\qquad\qquad = \dfrac{\boxed{}}{\boxed{}}$

答え $\dfrac{\boxed{}}{\boxed{}}$ L

3 青いテープが$\frac{3}{5}$m、白いテープが$\frac{2}{3}$mあります。

２本のテープをつなぐと何mになりますか。

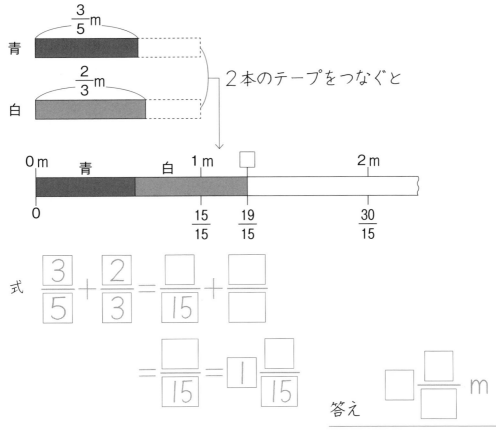

式 $\dfrac{3}{5} + \dfrac{2}{3} = \dfrac{\boxed{}}{15} + \dfrac{\boxed{}}{\boxed{}}$

$\qquad\qquad = \dfrac{\boxed{}}{15} = 1\dfrac{\boxed{}}{15}$

答え $\boxed{}\dfrac{\boxed{}}{\boxed{}}$ m

分数のたし算 ③

名前

☆　オレンジジュースが１つのびんに $\dfrac{3}{4}$ L、

もう１つのびんに $\dfrac{1}{6}$ L入っています。

全部で何Lになりますか。

> この計算を
> $$\dfrac{3 \times 3}{4 \times 3} + \dfrac{1 \times 2}{6 \times 2}$$
> 暗算でしています。

式　$\dfrac{3}{4} + \dfrac{1}{6} = \dfrac{9}{12} + \dfrac{2}{12}$

　　　　　　　　　 $= \dfrac{11}{12}$

答え　$\dfrac{\boxed{}}{\boxed{}}$ L

1　はちみつが１つのびんに $\dfrac{3}{10}$ kg、もう１つのびんに $\dfrac{7}{15}$ kg入っています。全部で何kgになりますか。

式　$\dfrac{3}{10} + \dfrac{7}{15} = \dfrac{9}{30} + \dfrac{\boxed{}}{\boxed{}}$

　　　　　　　　　 $= \dfrac{\boxed{}}{30}$

答え　$\dfrac{\boxed{}}{\boxed{}}$ kg

2 やかんに水が $\frac{5}{6}$ L入っています。

そこへ水を $\frac{1}{9}$ L入れました。

やかんの水は何Lになりましたか。

式　$\dfrac{5}{6} + \dfrac{\square}{\square} = \dfrac{\square}{18} + \dfrac{\square}{\square}$

$= \dfrac{\square}{\square}$

答え　$\dfrac{\square}{\square}$ L

3 長さが $\frac{3}{4}$ mの板と、$\frac{7}{10}$ mの板があります。

2まいの板をつなぐと何mになりますか。

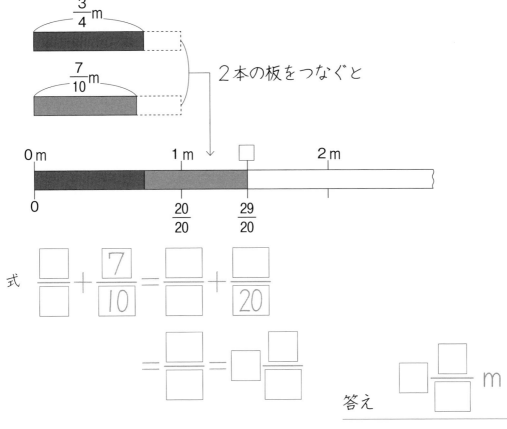

2本の板をつなぐと

式　$\dfrac{\square}{\square} + \dfrac{7}{10} = \dfrac{\square}{\square} + \dfrac{\square}{20}$

$= \dfrac{\square}{\square} = \square\dfrac{\square}{\square}$

答え　$\square\dfrac{\square}{\square}$ m

分数のたし算 ④

名前

☆　くりを、わたしは $\frac{3}{10}$kg、妹は $\frac{1}{5}$kg拾いました。

　　合わせて何kg拾いましたか。（答えは約分しましょう。）

式　$\dfrac{3}{10} + \dfrac{1}{5} = \dfrac{3}{10} + \dfrac{2}{10}$

$= \dfrac{\boxed{5}}{\cancel{10}_{2}} = \dfrac{\Box}{\Box}$

答え　$\dfrac{\Box}{\Box}$ kg

1　しいたけを、ぼくは $\frac{5}{12}$kg、弟は $\frac{1}{4}$kgとりました。

　　合わせて何kgとりましたか。（答えは約分しましょう。）

式　$\dfrac{5}{12} + \dfrac{1}{4} = \dfrac{5}{12} + \dfrac{\Box}{\Box}$

$= \dfrac{\diagdown}{12} = \dfrac{\Box}{\Box}$

答え　$\dfrac{\Box}{\Box}$ kg

2 しょうゆが、1つのびんに $\frac{1}{6}$ L、もうひとつのびんに $\frac{7}{12}$ Lあります。合わせて何Lですか。（答えは約分しましょう。）

式 $\frac{1}{6} + \frac{\square}{\square} = \frac{2}{\square} + \frac{\square}{\square}$

$= \frac{\square}{\square} = \frac{\square}{\square}$

答え $\frac{\square}{\square}$ L

3 黄色いリボンは、$\frac{11}{15}$ mあります。青いリボンは、$\frac{3}{5}$ mあります。2本のリボンをつなぐと何mですか。（答えは約分しましょう。）

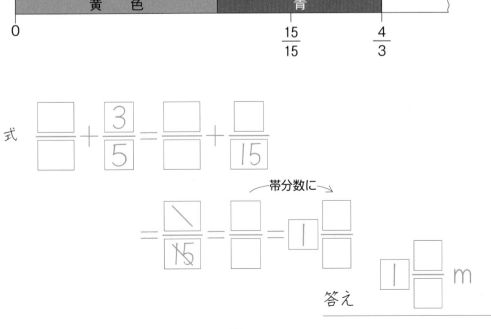

式 $\frac{\square}{\square} + \frac{3}{5} = \frac{\square}{\square} + \frac{\square}{15}$

帯分数に

$= \frac{\square}{15} = \frac{\square}{\square} = 1\frac{\square}{\square}$

答え $1\frac{\square}{\square}$ m

分数のたし算 ⑤

名前

☆ なべに水が $\dfrac{1}{6}$ L 入っています。そこへ $\dfrac{2}{15}$ L の水を入れると、なべの水は何 L になりますか。（答えは約分しましょう。）

式 $\dfrac{1}{6} + \dfrac{2}{15} = \dfrac{5}{30} + \dfrac{\boxed{}}{30}$

$= \dfrac{\overset{3}{\cancel{9}}}{\underset{10}{\cancel{30}}} = \dfrac{\boxed{}}{\boxed{}}$

答え $\dfrac{\boxed{}}{\boxed{}}$ L

---

1 水とうにお茶が $\dfrac{8}{15}$ L 入っています。そこへ $\dfrac{3}{10}$ L のお茶を入れると、水とうのお茶は何 L になりますか。（答えは約分しましょう。）

式 $\dfrac{8}{15} + \dfrac{3}{10} = \dfrac{\boxed{}}{30} + \dfrac{\boxed{}}{30}$

$= \dfrac{\boxed{}}{\cancel{30}} = \dfrac{\boxed{}}{\boxed{}}$

答え $\dfrac{\boxed{}}{\boxed{}}$ L

2 さとうが $\frac{1}{6}$kgあります。そこへ $\frac{9}{14}$kg入れると、さとうは全部で
何kgになりますか。(答えは約分しましょう。)

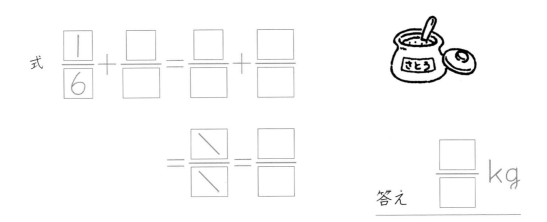

式 $\frac{1}{6} + \frac{\square}{\square} = \frac{\square}{\square} + \frac{\square}{\square}$

$= \frac{\square\!\!\!\diagup}{\square\!\!\!\diagup} = \frac{\square}{\square}$

答え $\frac{\square}{\square}$ kg

3 $\frac{8}{15}$mのリボンと、$\frac{11}{20}$mのリボンがあります。

2本をつなぐと何mになりますか。(答えは約分しましょう。)

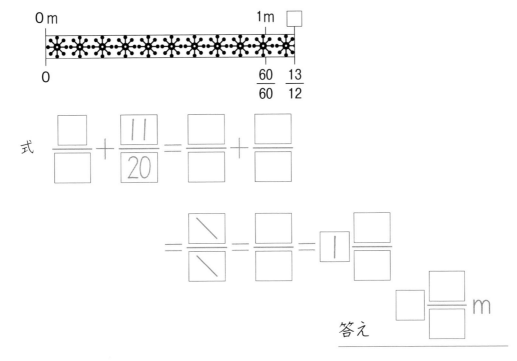

式 $\frac{\square}{\square} + \frac{11}{20} = \frac{\square}{\square} + \frac{\square}{\square}$

$= \frac{\square\!\!\!\diagup}{\square\!\!\!\diagup} = \frac{\square}{\square} = 1\frac{\square}{\square}$

答え $\square\frac{\square}{\square}$ m

45

① みかんが１つの箱に $\frac{1}{2}$kg、もう１つの箱に $\frac{1}{6}$kg入っています。

みかんは全部で何kgありますか。（答えは約分しましょう。）

（式15点，答え10点）

式 $\frac{\square}{\square}+\frac{\square}{\square}=\frac{\square}{\square}+\frac{\square}{\square}$

$=\frac{\square}{\square}=\frac{\square}{\square}$

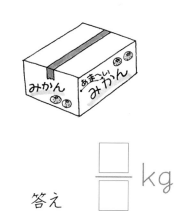

答え $\frac{\square}{\square}$ kg

② 赤いテープが $\frac{2}{7}$m、青いテープが $\frac{1}{3}$mあります。

２本のテープをつなぐと何mになりますか。

（式15点，答え10点）

式 $\frac{\square}{\square}+\frac{\square}{\square}=\frac{\square}{\square}+\frac{\square}{\square}$

$=\frac{\square}{\square}$

答え $\frac{\square}{\square}$ m

③ ぶどうジュースが１つのボトルに $\dfrac{3}{8}$ L、もう１つのボトルに $\dfrac{1}{12}$ L 入っています。全部で何Lになりますか。 （式15点，答え10点）

式 $\dfrac{\Box}{\Box} + \dfrac{\Box}{\Box} = \dfrac{\Box}{\Box} + \dfrac{\Box}{\Box}$

$= \dfrac{\Box}{\Box}$

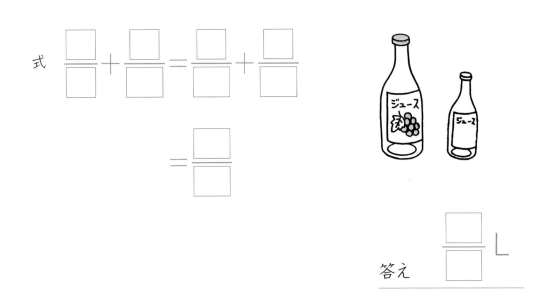

答え $\dfrac{\Box}{\Box}$ L

④ いちごジャムが１つのビンに $\dfrac{7}{10}$ kg、もう１つのビンに $\dfrac{2}{15}$ kg入っ ています。全部で何kgになりますか。（答えは約分しましょう。） （式15点，答え10点）

式 $\dfrac{\Box}{\Box} + \dfrac{\Box}{\Box} = \dfrac{\Box}{\Box} + \dfrac{\Box}{\Box}$

$= \dfrac{\Box}{\Box} = \dfrac{\Box}{\Box}$

答え $\dfrac{\Box}{\Box}$ kg

分数のひき算 ①

名前

☆　びんにオレンジジュースが $\frac{7}{8}$ L 入っています。

それをコップに $\frac{3}{4}$ L 入れます。

オレンジジュースの残りは何 L になりますか。

式　$\dfrac{7}{8} - \dfrac{3}{4} = \dfrac{7}{8} - \dfrac{6}{8}$

$= \dfrac{\boxed{}}{8}$

答え　$\dfrac{\boxed{}}{\boxed{}}$ L

1　牛にゅうが紙のパックに、$\frac{9}{10}$ L入っています。

そのうち $\frac{3}{5}$ Lを料理に使う予定です。

牛にゅうの残りは何Lになりますか。

式　$\dfrac{9}{10} - \dfrac{\boxed{}}{\boxed{}} = \dfrac{\boxed{}}{\boxed{}} - \dfrac{6}{10}$

$= \dfrac{\boxed{}}{10}$

答え　$\dfrac{\boxed{}}{\boxed{}}$ L

2 さくらんぼが$\frac{7}{9}$kgあります。$\frac{1}{3}$kgを食べると、残りのさくらんぼは何kgになりますか。

式 $\dfrac{\boxed{}}{\boxed{}} - \dfrac{\boxed{1}}{\boxed{3}} = \dfrac{\boxed{}}{\boxed{}} - \dfrac{\boxed{}}{\boxed{}}$

$= \dfrac{\boxed{}}{\boxed{}}$

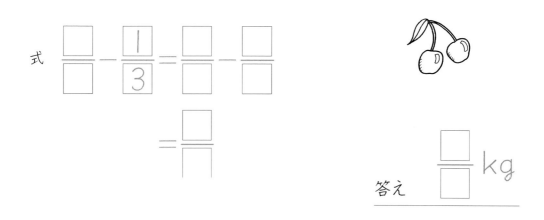

答え $\dfrac{\boxed{}}{\boxed{}}$ kg

3 $1\frac{2}{9}$mのリボンがあります。$\frac{2}{3}$m使うと、残りは何mになりますか。

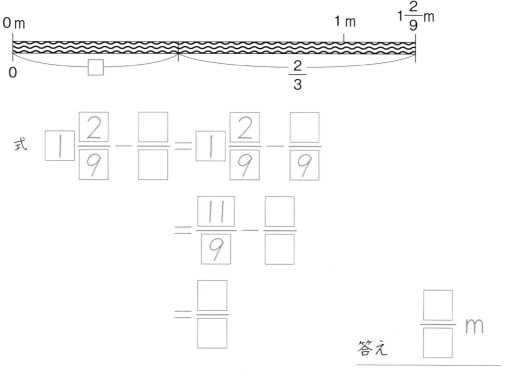

式 $1\dfrac{\boxed{2}}{\boxed{9}} - \dfrac{\boxed{}}{\boxed{}} = 1\dfrac{\boxed{2}}{\boxed{9}} - \dfrac{\boxed{}}{\boxed{9}}$

$= \dfrac{\boxed{11}}{\boxed{9}} - \dfrac{\boxed{}}{\boxed{}}$

$= \dfrac{\boxed{}}{\boxed{}}$

答え $\dfrac{\boxed{}}{\boxed{}}$ m

名前

............月......日

☆　牛にゅうが $\dfrac{3}{4}$ L あります。

そこから $\dfrac{1}{3}$ L をコップに入れました。

残りの牛にゅうは何 L ですか。

式　$\dfrac{3}{4} - \dfrac{1}{3} = \dfrac{9}{12} - \dfrac{4}{12}$

$= \dfrac{\boxed{}}{\boxed{}}$

答え　$\dfrac{\boxed{}}{\boxed{}}$ L

1　さとうが $\dfrac{4}{5}$ kg あります。

食塩は $\dfrac{2}{3}$ kg あります。

さとうと食塩の重さのちがいは何 kg ですか。

式　$\dfrac{4}{5} - \dfrac{\boxed{}}{\boxed{}} = \dfrac{12}{15} - \dfrac{\boxed{}}{15}$

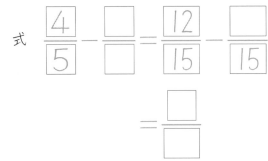

$= \dfrac{\boxed{}}{\boxed{}}$

答え　$\dfrac{\boxed{}}{\boxed{}}$ kg

② 赤いテープは $\frac{4}{5}$ mです。

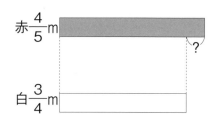

白いテープは $\frac{3}{4}$ mです。

赤いテープの方が何m長いですか。

式 $\dfrac{4}{5} - \dfrac{3}{4} = \dfrac{\boxed{}}{\boxed{20}} - \dfrac{\boxed{}}{\boxed{20}}$

$= \dfrac{\boxed{}}{\boxed{}}$

答え $\dfrac{\boxed{}}{\boxed{}}$ m

③ $1\frac{1}{6}$ mのリボンがあります。 $\frac{3}{5}$ mを切り取りました。

残りは何mですか。

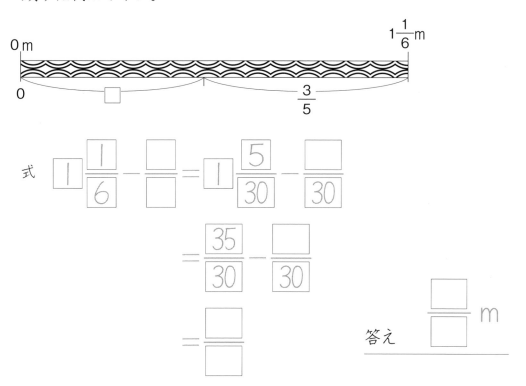

式 $1\dfrac{\boxed{1}}{\boxed{6}} - \dfrac{\boxed{}}{\boxed{}} = 1\dfrac{\boxed{5}}{\boxed{30}} - \dfrac{\boxed{}}{\boxed{30}}$

$= \dfrac{\boxed{35}}{\boxed{30}} - \dfrac{\boxed{}}{\boxed{30}}$

$= \dfrac{\boxed{}}{\boxed{}}$

答え $\dfrac{\boxed{}}{\boxed{}}$ m

分数のひき算 ③

名前

☆　いちごジャムは $\frac{3}{4}$kgあります。

そのうちの $\frac{1}{6}$kgを使いました。

いちごジャムは何kg残っていますか。

式　$\dfrac{3}{4} - \dfrac{1}{6} = \dfrac{9}{12} - \dfrac{2}{12}$

$= \dfrac{\Box}{\Box}$

答え　$\dfrac{\Box}{\Box}$ kg

1　しょうゆが $\frac{7}{10}$Lあります。

そのうちの $\frac{4}{15}$Lを使いました。

しょうゆは何L残っていますか。

式　$\dfrac{7}{10} - \dfrac{4}{15} = \dfrac{21}{30} - \dfrac{\Box}{\Box}$

$= \dfrac{\Box}{\Box}$

答え　$\dfrac{\Box}{\Box}$ L

52

② 水さしに水が $\dfrac{5}{6}$ L入っています。

その水を $\dfrac{2}{9}$ L、コップに入れました。

水さしの水は何L残っていますか。

式　$\dfrac{5}{6} - \dfrac{2}{\boxed{}} = \dfrac{\boxed{}}{18} - \dfrac{\boxed{}}{\boxed{}}$

$= \dfrac{\boxed{}}{\boxed{}}$

答え　$\dfrac{\boxed{}}{\boxed{}}$ L

③ $1\dfrac{1}{4}$ mのリボンから、$\dfrac{7}{10}$ mを切り取りました。

リボンは何m残っていますか。

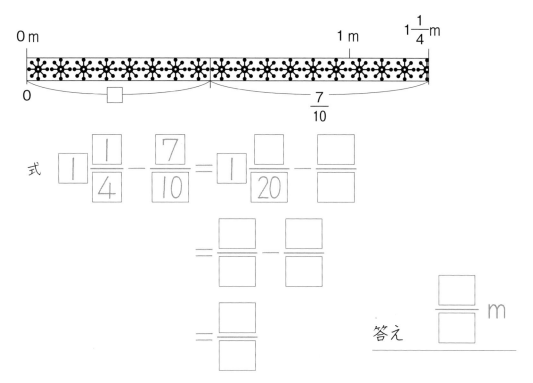

式　$1\dfrac{1}{4} - \dfrac{7}{10} = 1\dfrac{\boxed{}}{20} - \dfrac{\boxed{}}{\boxed{}}$

$= \dfrac{\boxed{}}{\boxed{}} - \dfrac{\boxed{}}{\boxed{}}$

$= \dfrac{\boxed{}}{\boxed{}}$

答え　$\dfrac{\boxed{}}{\boxed{}}$ m

分数のひき算 ④

名前

☆　お茶が $\dfrac{5}{6}$ L あります。そのうちの $\dfrac{1}{3}$ L を飲みました。

お茶は何L残っていますか。（答えは約分しましょう。）

式　$\dfrac{5}{6} - \dfrac{1}{3} = \dfrac{5}{6} - \dfrac{2}{6}$

$= \dfrac{\overset{1}{\cancel{3}}}{\underset{2}{\cancel{6}}} = \dfrac{\square}{\square}$

答え　$\dfrac{\square}{\square}$ L

1　サラダ油が $\dfrac{7}{12}$ L あります。そのうちの $\dfrac{1}{4}$ L を使いました。

サラダ油は何L残っていますか。（答えは約分しましょう。）

式　$\dfrac{7}{12} - \dfrac{\square}{\square} = \dfrac{7}{12} - \dfrac{\square}{12}$

$= \dfrac{\cancel{4}}{12} = \dfrac{\square}{\square}$

答え　$\dfrac{\square}{\square}$ L

2   はり金が$\frac{7}{10}$mあります。そのうちの$\frac{1}{5}$mを工作で使いました。はり金は何m残っていますか。（答えは約分しましょう。）

式　$\dfrac{\Box}{\Box} - \dfrac{1}{5} = \dfrac{\Box}{\Box} - \dfrac{\Box}{10}$

$= \dfrac{\diagup}{\cancel{10}} = \dfrac{\Box}{\Box}$

答え　$\dfrac{\Box}{\Box}$ m

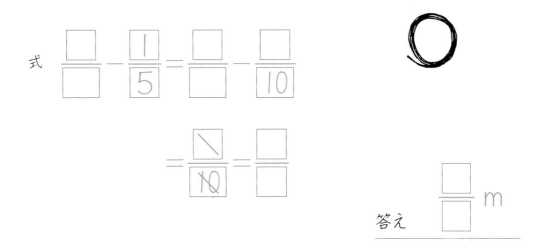

3   しいたけが$1\frac{1}{6}$kgあります。そのうちの$\frac{5}{12}$kgを料理で使いました。しいたけは何kg残っていますか。（答えは約分しましょう。）

式　$1\dfrac{1}{6} - \dfrac{\Box}{\Box} = 1\dfrac{\Box}{12} - \dfrac{\Box}{\Box}$

$= \dfrac{14}{12} - \dfrac{\Box}{\Box}$

$= \dfrac{\diagup}{\diagup} = \dfrac{\Box}{\Box}$

答え　$\dfrac{\Box}{\Box}$ kg

分数のひき算 ⑤

名前

☆　なたね油が $\dfrac{3}{10}$ L あります。そこから $\dfrac{2}{15}$ L 使うと、残りのなた

ね油は何 L になりますか。（答えは約分しましょう。）

式　$\dfrac{3}{10} - \dfrac{2}{15} = \dfrac{9}{30} - \dfrac{\boxed{}}{30}$

$= \dfrac{\boxed{\cancel{5}}}{\underset{6}{\cancel{30}}} = \dfrac{\boxed{}}{\boxed{}}$

答え　$\dfrac{\boxed{}}{\boxed{}}$ L

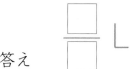

---

① ジュースが $\dfrac{7}{15}$ L あります。それをコップに $\dfrac{1}{6}$ L 入れました。残り

のジュースは何 L になりましたか。（答えは約分しましょう。）

式　$\dfrac{7}{15} - \dfrac{1}{6} = \dfrac{14}{30} - \dfrac{\boxed{}}{\boxed{}}$

$= \dfrac{\boxed{\cancel{}}}{\cancel{30}} = \dfrac{\boxed{}}{\boxed{}}$

答え　$\dfrac{\boxed{}}{\boxed{}}$ L

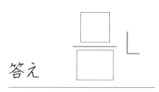

2 うめぼしが $\frac{9}{20}$ kgあります。料理で $\frac{1}{30}$ kg使うと、残りのうめぼし は何kgになりますか。（答えは約分しましょう。）

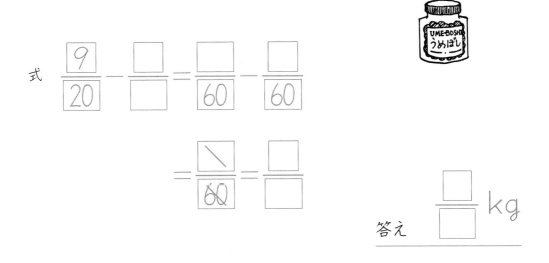

式 $\dfrac{9}{20} - \dfrac{\boxed{}}{\boxed{}} = \dfrac{\boxed{}}{60} - \dfrac{\boxed{}}{60}$

$= \dfrac{\cancel{\boxed{}}}{\cancel{60}} = \dfrac{\boxed{}}{\boxed{}}$

答え $\dfrac{\boxed{}}{\boxed{}}$ kg

3 米が $1\frac{1}{12}$ kgあります。そのうちの $\frac{7}{20}$ kgでご飯をたきました。残 りの米は何kgになりましたか。（答えは約分しましょう。）

式 $1\dfrac{1}{12} - \dfrac{\boxed{}}{\boxed{}} = 1\dfrac{\boxed{}}{60} - \dfrac{\boxed{}}{\boxed{}}$

$= \dfrac{65}{60} - \dfrac{\boxed{}}{\boxed{}}$

$= \dfrac{\cancel{44}}{\cancel{60}} = \dfrac{\boxed{}}{\boxed{}}$

答え $\dfrac{\boxed{}}{\boxed{}}$ kg

1 牛にゅうが $\dfrac{7}{10}$ L あります。

そのうち $\dfrac{2}{5}$ L 飲みました。

牛にゅうは残り何Lになりますか。   （式15点，答え10点）

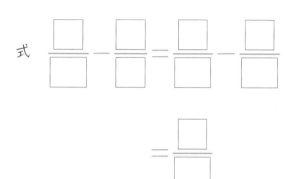

答え □ L

2 さとうが $\dfrac{5}{6}$ kg あります。

そのうち、$\dfrac{7}{10}$ kg 使いました。

残りは何kgですか。（答えは約分しましょう。）   （式15点，答え10点）

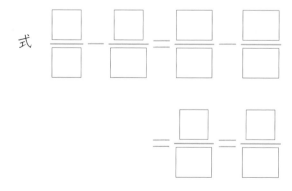

答え □ kg

58

③ $1\frac{2}{7}$mのロープがあります。

そのうち、$\frac{1}{4}$mを使いました。

残りは何mですか。 （式15点，答え10点）

式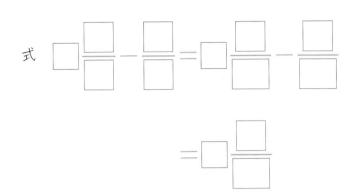

$$= \boxed{}\!\!\!\!\frac{\boxed{}}{\boxed{}}$$

答え  m

④ 水とうにお茶が$1\frac{5}{12}$L入っています。

そのうち、$\frac{3}{4}$Lを飲みました。

残りは何Lですか。（答えは約分しましょう。） （式15点，答え10点）

式 $\boxed{}\dfrac{\boxed{}}{\boxed{}} - \dfrac{\boxed{}}{\boxed{}} = \boxed{}\dfrac{\boxed{}}{\boxed{}} - \dfrac{\boxed{}}{\boxed{}}$

$$= \dfrac{\boxed{}}{\boxed{}} - \dfrac{\boxed{}}{\boxed{}}$$

$$= \dfrac{\boxed{}}{\boxed{}} = \dfrac{\boxed{}}{\boxed{}}$$

答え $\dfrac{\boxed{}}{\boxed{}}$ L

☆　右の表は森さんが5日間に習字の練習に使った半紙のまい数です。
1日の平均を求めましょう。

使った半紙のまい数

月	火	水	木	金
4まい	6まい	5まい	7まい	3まい

①　全部で何まい使いましたか。

式　$4 + 6 + 5 + 7 + 3 = 25$

答え　　　　まい

②　1日平均何まいになりますか。

式　$25 ÷ 5 = \boxed{}$

答え　　　　まい

1　右の表は、林さんが5か月間に読んだ本のさっ数です。
1か月の平均を求めましょう。

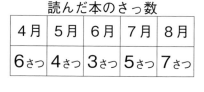

読んだ本のさっ数

4月	5月	6月	7月	8月
6さつ	4さつ	3さつ	5さつ	7さつ

①　合計何さつですか。

式　$6 + 4 + 3 + \boxed{} + \boxed{} = \boxed{}$

答え　　　　さつ

②　1か月平均何さつですか。

式　$\boxed{} ÷ \boxed{} = \boxed{}$

答え　　　　さつ

② 右の表は、岸さんが5日間に料理で使ったたまごの数です。1日平均何個使いましたか。

日	月	火	水	木
8こ	0こ	4こ	2こ	6こ

〔平均のイメージ図〕

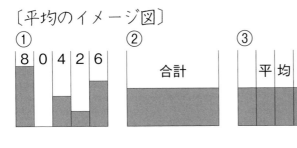

① 80426　② 合計　③ 平均

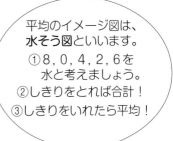

平均のイメージ図は、水そう図といいます。
①8, 0, 4, 2, 6を水と考えましょう。
②しきりをとれば合計！
③しきりをいれたら平均！

・合計　$8 + 0 + \boxed{\ } + \boxed{\ } + \boxed{\ } = \boxed{\ }$

・平均　$\boxed{\ } \div \boxed{\ } = \boxed{\ }$

答え　　　　　　　個

③ 下の4個のたまごの重さの平均を求めましょう。

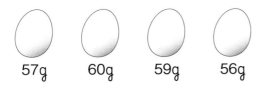

57g　　60g　　59g　　56g

・合計　$57 + \boxed{\ } + \boxed{\ } + \boxed{\ } = \boxed{\ }$

・平均　$\boxed{\ } \div \boxed{\ } = \boxed{\ }$

答え　　　　　　　g

平均 ②

名前

☆　右の表は、4日間のいちごのとれ高です。とれ高は、1日平均何kgですか。

いちごのとれ高（kg）

1日目	2日目	3日目	4日目
14	18	16	20

式　14 ＋ 18 ＋ 16 ＋ 20 ＝

　　　 ÷ 　 ＝

答え　　　　　　　　　kg

1　今週、保健室へきた人は表のとおりです。1日平均何人きたことになりますか。

保健室へきた人（人）

月	火	水	木	金
7	6	0	8	9

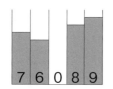  

式　7 ＋ 6 ＋ 0 ＋ 　 ＋ 　 ＝

　　　 ÷ 　 ＝

答え　　　　　　　　　人

2 なすのとれ高の4日分の表です。
とれ高は1日平均何kgですか。

なすのとれ高（kg）

1日目	2日目	3日目	4日目
27	26	23	28

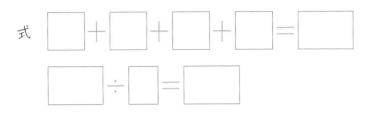

式 □ ＋ □ ＋ □ ＋ □ ＝ □

□ ÷ □ ＝ □

答え _____ kg

3 矢野さんの国語テストの表です。
平均何点ですか。

国語テストの得点（点）

1回目	2回目	3回目	4回目	5回目
96	88	94	100	92

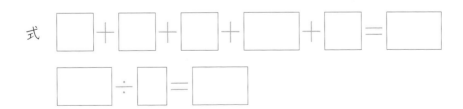

式 □ ＋ □ ＋ □ ＋ □ ＋ □ ＝ □

□ ÷ □ ＝ □

1回目から5回目の
テストの合計から
もとめましょう。

答え _____ 点

単位量あたり ①

名前

月　　日

☆　東池は8m²で、こいが12ひきいます。西池は10m²で、こいが14ひきいます。どちらの池のほうがこんでいますか。1m²あたりのこいの数で比べましょう。

	面積(m²)	こい(ひき)
東池	8	12
西池	10	14

東池　12 ÷ 8 ＝ ☐

西池　14 ÷ 10 ＝ ☐

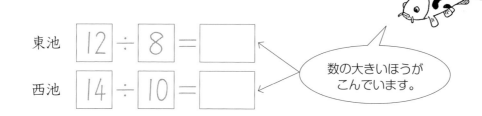

数の大きいほうがこんでいます。

答え　　　　　　　　池

1　南池は50m²で、こいが12ひきいます。北池は40m²で、こいが10ぴきいます。どちらの池のほうがこんでいますか。
　1m²あたりのこいの数で比べましょう。

	面積(m²)	こい(ひき)
南池	50	12
北池	40	10

南池　12 ÷ ☐ ＝ ☐

北池　10 ÷ ☐ ＝ ☐

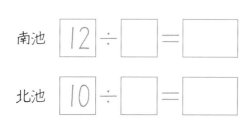

数が大きいほうはどっちかな

答え　　　　　　　　池

2　東農場の米は、3kgが1410円です。
　　南農場の米は、5kgが2370円です。
　　西農場の米は、10kgが4650円です。
　　いちばんねだんが高い米は、どの農
　場の米ですか。1kgあたりのねだんで
　比べましょう。

	重さ(kg)	ねだん(円)
東農場	3	1410
南農場	5	2370
西農場	10	4650

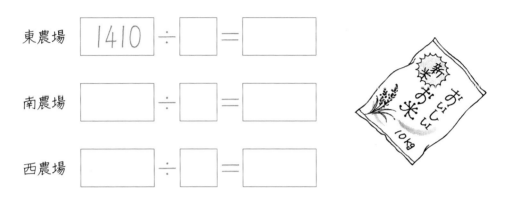

東農場　1410 ÷ □ = □

南農場　□ ÷ □ = □

西農場　□ ÷ □ = □

答え ＿＿＿＿＿＿ 農場

3　6a のなすの畑に、化学肥料を 16.2kg 使いました。
　　4a のトマトの畑に、化学肥料を 11.2kg 使いました。
　　1aあたりの化学肥料の使用料は、どちらの畑が多いですか。

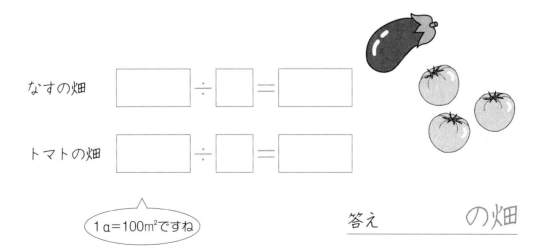

なすの畑　□ ÷ □ = □

トマトの畑　□ ÷ □ = □

1a＝100m²ですね

答え ＿＿＿＿＿＿ の畑

単位量あたり ②

名前

☆　5 a の田んぼから 340 kg の米がとれました。
　　1 aあたり何kgの米がとれましたか。

```
      6
5)3 4 0
  3 0
    4 0
```

4マス表にすると

? kg	340 kg
1 a	5 a

式　340 ÷ 5 =

答え　　　　　　kg

1　4 a の畑から 180 kg の小麦がとれました。1 aあ
　　たり何kgの小麦がとれましたか。

```
4)1 8 0
```

4マス表

? kg	180 kg
1 a	a

式　180 ÷ □ = □

答え　　　　　　kg

2 10個で270円のたまごがあります。
　1個あたりのねだんは何円ですか。

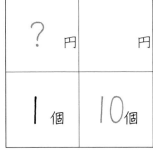

式 [　　] ÷ [10] = [　　]

答え 　　　　　　円

3 3dLが168円の飲み物があります。
　1dLあたりのねだんは何円ですか。

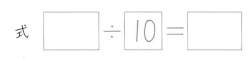

? 円	168 円
1 dL	dL

式 [　　] ÷ [　] = [　　]

答え 　　　　　　円

4 15mの銅線の重さは750gです。
　1mあたりの重さは何gですか。

? g	g
1 m	m

式 [　　] ÷ [　] = [　　]

答え 　　　　　　g

67

名前

..................月......日

☆　西山町の面積は 35 km² で、人口は 6440 人です。
　　人口みつ度は何人ですか。（電たく使用）

1 km²あたりの人口を
人口みつ度と
いいます。

4マス表にすると

？人	6440 人
l km²	35km²

式　6440 ÷ 35 = [　　]

答え　　　　　　人

1　川北町の面積は 42 km² で、人口は 7392 人です。
　　人口みつ度は何人ですか。（電たく使用）

4マス表

？人	7392 人
l km²	km²

式　7392 ÷ [　] = [　　]

答え　　　　　　人

2 奈良市の面積は 277 km² で、人口は 35 万人です。
人口みつ度は何人ですか。（商は小数点以下は切りすてる。）
（電たく使用）

式
人口
$\boxed{350000}$ ÷ 面積 $\boxed{277}$ = 人口みつ度 $\boxed{}$

答え ＿＿＿＿＿＿ 人

3 京都市の面積は 828 km² で、人口は 145 万人です。
人口みつ度は何人ですか。（商は小数点以下切りすてる。）
（電たく使用）

式
人口
$\boxed{1450000}$ ÷ 面積 $\boxed{}$ = 人口みつ度 $\boxed{}$

答え ＿＿＿＿＿＿ 人

4 神戸市の面積は 552 km² で、人口は、150 万人です。
人口みつ度は何人ですか。（商は小数点以下切りすてる。）
（電たく使用）

式
人口
$\boxed{}$ ÷ 面積 $\boxed{}$ = 人口みつ度 $\boxed{}$

答え ＿＿＿＿＿＿ 人

..........月......日

☆　1箱あたり 16個入りのクッキーがあります。
　8箱分のクッキーは何個ですか。

```
      1 6
  ×     8
```

4マス表にすると

16個	? 個
1 箱	8 箱

式　16 × 8 ＝

答え　　　　　　　　個

1　1箱24本入りの色えんぴつがあります。
　6箱分の色えんぴつは何本ですか。

```
      2 4
  ×
```

4マス表

24本	? 本
1 箱	箱

式　24 ×　　＝

答え　　　　　　　　本

2 遊園地の入園料は、子ども1人分が360円です。子ども5人分は何円ですか。

	× 　 5

円	? 円
1 人	5 人

式 [　　] × [5] = [　　]

答え 　　　　　　　円

3 1本が160円のボールペンを6本買うと何円ですか。

	1 6 0
×	

160 円	? 円
1 本	本

式 [　　] × [　] = [　　]

答え 　　　　　　　円

4 1本に180mLのジュースが入っています。7本分のジュースは何mLですか。

×	

mL	? mL
1 本	本

式 [　　] × [　] = [　　]

答え 　　　　　　　mL

...........月.....日

☆ 森林公園の入園料は、団体割引で1人270円です。
35人分は何円ですか。(電たく使用)

4マス表にすると

270円	? 円
1人	35人

式 270 × 35 =

答え 　　　　円

1 植物園の入園料は、団体割引で1人320円です。
25人分で何円ですか。(電たく使用)

4マス表

320円	? 円
1人	人

式 320 × ☐ = ☐

答え 　　　　円

2 水族館の入館料は、子ども I 人 450 円です。
子ども 28 人分は何円ですか。（電たく使用）

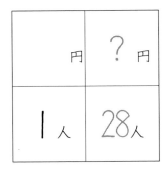

式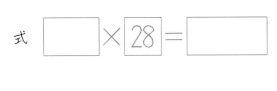

答え _____ 円

---

3 銀 I cm³ の重さは、10.5 g です。
銀 74 cm³ の重さは何 g ですか。（電たく使用）

10.5 g	? g
I cm³	cm³

式 [   ] × [ ] = [ ]

答え _____ g

---

4 銅 I cm³ の重さは、8.96 g です。
銅 45 cm³ の重さは何 g ですか。（電たく使用）

g	? g
I cm³	cm³

式 [   ] × [ ] = [ ]

答え _____ g

単位量あたり ⑥

名前

☆　１まいが10円の千代紙（ちよがみ）があります。
　　240円で何まい買えますか。

４マス表にすると

10 円	240 円
１ まい	？ まい

式　240 ÷ 10 ＝□

答え　　　　　まい

1　１まいが8円の千代紙があります。
　　320円で何まい買えますか。

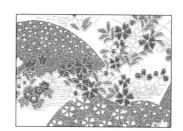

４マス表

円	320 円
１ まい	？ まい

式　320 ÷ □ ＝ □

答え　　　　　まい

2 1本の重さが 10gのくぎがあります。
   このくぎは、300gで何本ですか。

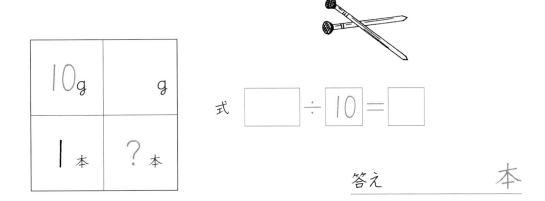

10g	g
1 本	? 本

式　　□ ÷ 10 = □

答え　　　　　　本

3 1mの重さが6gの銅線があります。
   この銅線は、300gで何mですか。

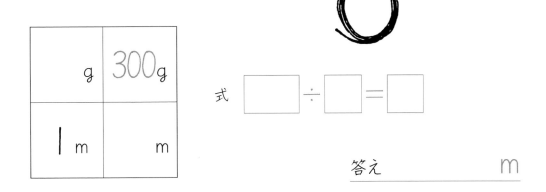

g	300g
1 m	m

式　　□ ÷ □ = □

答え　　　　　　m

4 1本60円のえんぴつがあります。
   360円で、何本買えますか。

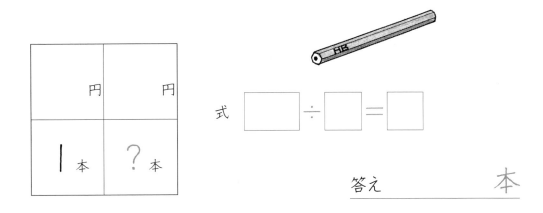

円	円
1 本	? 本

式　　□ ÷ □ = □

答え　　　　　　本

単位量あたり ⑦

名前

☆　１Lのペンキで、かべを3.2 ㎡ぬることができます。
　　80 ㎡のかべをぬるには、何Lのペンキがいりますか。

４マス表にすると

3.2 m²	80 m²
1 L	? L

電たく使用

式　[80] ÷ [3.2] = [　]

答え　　　　　　L

1　１m²あたり1.6 kgのじゃがいもがとれました。
　じゃがいもは全部で256 kgでした。
　じゃがいも畑の広さは何m²ですか。（電たく使用）

４マス表

kg	256 kg
1 m²	? m²

式　[256] ÷ [　] = [　]

答え　　　　　m²

2　I m²あたり6.8kgのさつまいもがとれました。さつまいもは全部で816kgでした。さつまいもの畑の広さは何m²ですか。（電たく使用）

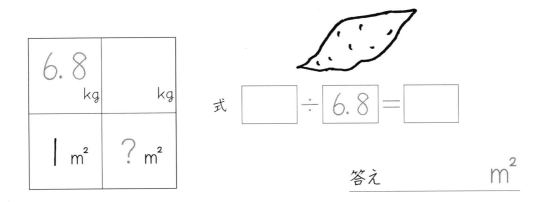

式　◻ ÷ 6.8 = ◻

答え　　　　　　　　m²

3　I mの重さが4.5gのはり金があります。このはり金を切ったら108gありました。切った長さは何mですか。（電たく使用）

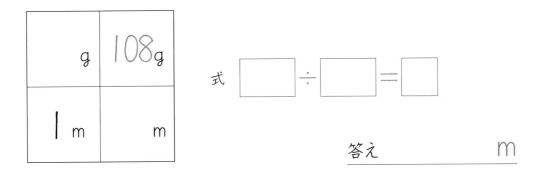

式　◻ ÷ ◻ = ◻

答え　　　　　　　　m

4　農園の畑に、I aあたり4.5kgの肥料をまきます。432kgの肥料では、何aまけますか。（電たく使用）

式　◻ ÷ ◻ = ◻

答え　　　　　　　　a

1　24 m²の畑に、じゃがいものたねいもを
144個植えました。
　　1 m²あたり何個植えましたか。

（式10点，答え10点）

?　個	144　個
1　m²	m²

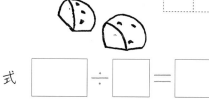

式　□ ÷ □ = □

答え　　　　　　　　個

2　1 mあたり75 gの銅線（どうせん）があります。
　この銅線6 mの重さは何gですか。　（式10点，答え10点）

4マス表

75g	?　g
1　m	m

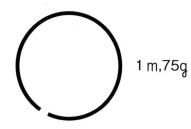

1 m,75g

式　75 × □ = □

答え　　　　　　　　g

78

3 　1分間に45まい印刷するコピー機があります。270まい印刷するには、何分かかりますか。
（式10点，答え10点）

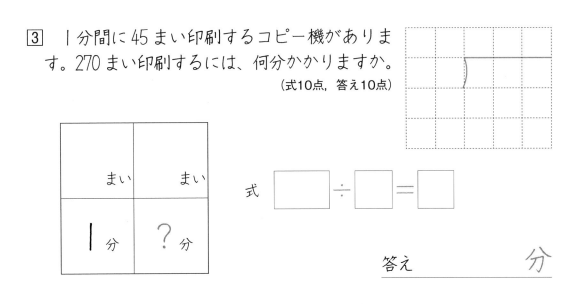

式 　□ ÷ □ = □

答え 　　　　　　　 分

4 　1mが28gの銅線があります。この銅線を700g切り取ると、長さは何mですか。（電たく使用）
（式10点，答え10点）

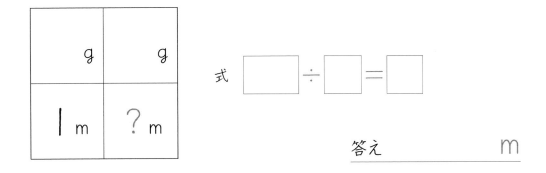

式 　□ ÷ □ = □

答え 　　　　　　　 m

5 　銅1cm³の重さは、8.96gです。
　　銅45cm³の重さは何gですか。（電たく使用）
（式10点，答え10点）

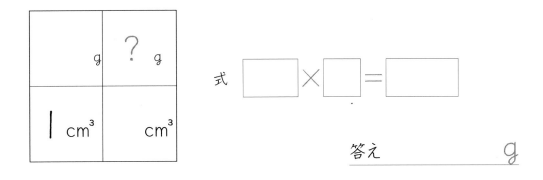

式 　□ × □ = □

答え 　　　　　　　 g

割合 ①

名前

◎　もとにする量を１として、くらべられる量がどれだけにあたるかを表した数を割合といいます。

割合＝くらべられる量÷もとにする量

☆　子どもが10人います。そのうち２年生は４人です。
　　２年生は子ども全体のどれだけにあたりますか。

① もとにする量の数は何ですか。……　$\boxed{10}$

② くらべられる量の数は何ですか。… $\boxed{4}$

③ ２年生の割合を求めましょう。

式　$\boxed{4}$　÷　$\boxed{10}$　＝　$\boxed{}$
　　　くらべられる量　もとにする量　　割合

答え _____

---

1 子どもが30人います。そのうち５年生は12人です。
　５年生は子ども全体のどれだけにあたりますか。

① もとにする量の数は何ですか。……　$\boxed{30}$

② くらべられる量の数は何ですか。… $\boxed{}$

③ ５年生の割合を求めましょう。

式　$\boxed{12}$　÷　$\boxed{30}$　＝　$\boxed{}$
　　　くらべられる量　もとにする量　　割合

答え _____

② まんが教室は、定員30人で、希望者は27人です。
希望者は定員のどれだけにあたりますか。

① もとにする量の数は何ですか。…… [　]

② くらべられる量の数は何ですか。… [　]

③ 希望者の割合を求めましょう。

式　[　] ÷ [30] = [　]
　　くらべられる量　もとにする量　　割合

答え ＿＿＿＿＿＿

③ 子どもが20人そうじをしています。そのうち12人はほうきです。
ほうきは子ども全体のどれだけにあたりますか。

① もとにする量の数は何ですか。…… [　]

② くらべられる量の数は何ですか。… [　]

③ ほうきの割合を求めましょう。

式　[12] ÷ [　] = [　]
　　くらべられる量　もとにする量　　割合

答え ＿＿＿＿＿＿

④ 子どもが10人います。そのうち6人は、ぼうしをかぶっています。
ぼうしの子は、子ども全体のどれだけにあたりますか。

① もとにする量の数は何ですか。…… [　]

② くらべられる量の数は何ですか。… [　]

③ ぼうしの子の割合を求めましょう。

式　[　] ÷ [　] = [　]
　　くらべられる量　もとにする量　　割合

答え ＿＿＿＿＿＿

割合 ②

名前

☆　定員 50 人のバスに、40 人乗っています。乗客は定員のどれだけにあたりますか。百分率で表しましょう。

> 小数で表した場合を100倍すると
> 百分率（%）になります。

式　 40 ÷ 50 = 0.8
　　くらべられる量　もとにする量　　割合

0.8 × 100 = 80

答え　　　　　　 %

1　定員 50 人のバスに、46 人乗っています。乗客は定員のどれだけにあたりますか。百分率で表しましょう。（電たく使用）

> ・定員より乗客数が少ないとは……100%未満です。
> ・定員と乗客数が同じとき…………100%です。
> ・定員より乗客数が多いとき………100%以上です。

式　 46 ÷ 　　　 = 　　　
　　くらべられる量　もとにする量　　割合

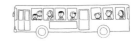

　　　　× 100 = 　　　

答え　　　　　　 %

2 　定員120人の電車に、102人乗っています。定員をもとにして、乗客の割合を百分率で表しましょう。（電たく使用）

式　 ☐ ÷ 120 = ☐

☐ × 100 = ☐

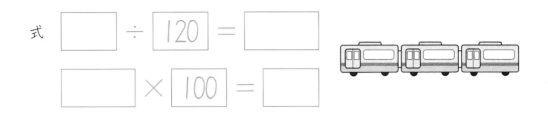

答え _____ ％

3 　定員120人の電車に、120人乗っています。定員をもとにして、乗客の割合を百分率で表しましょう。

式　 ☐ ÷ ☐ = 1

☐ × 100 = ☐

答え _____ ％

4 　定員120人の電車に、138人乗っています。定員をもとにして、乗客の割合を百分率で表しましょう。（電たく使用）

式　 ☐ ÷ ☐ = ☐

☐ × 100 = ☐

答え _____ ％

割合 ③

名前

☆ 丸山さんは、野球の試合で5打数で、安打が2本でした。
　丸山さんの打率を求めましょう。

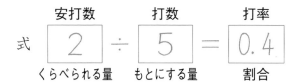

式　　安打数　　打数　　打率
　　　2 ÷ 5 = 0.4　　　答え ＿＿＿＿＿＿＿
　　くらべられる量　もとにする量　割合

・割合の小数の 0.1 は **1割**
・割合の小数の 0.01 は **1分**　　この表し方を**歩合**といいます。
・割合の小数の 0.001 は **1厘**

丸山さんの打率 0.4 は、歩合で表すと **4割**です。

---

1 秋田さんは、ソフトボールの試合で、4打数1安打でした。
　秋田さんの打率を求め、歩合で表しましょう。

式　　安打数　　打数　　打率
　　　1 ÷ 4 =
　　くらべられる量　もとにする量　割合

　　　　　　　　　　　答え　　　割　　　分

・プロ野球の歴代最高打率は
「阪神タイガース」のバース選手（1986年）
　453打数、176安打でした。打率を計算してみると
　　176÷453＝0.3885…＝0.389＝3割8分9厘

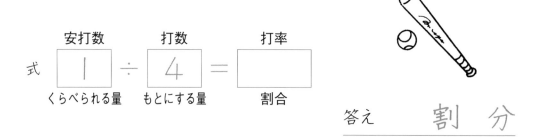

2 春風さんたちは、サッカーの20試合で13勝しました。
勝率（勝った試合の割合）を求め、歩合で表しましょう。
（電たく使用）

式 勝ち数 ÷ 試合数 = 勝率
　　[13]　　[　　]　　[　　]
　くらべられる量　もとにする量　割合

答え 　　割　　分

3 大川さんたちは、バレーボールの25試合で16勝しました。
勝率を求め、歩合で表しましょう。（電たく使用）

式 勝ち数 ÷ 試合数 = 勝率
　　[　　]　　[25]　　[　　]
　くらべられる量　もとにする量　割合

答え 　　割　　分

4 北本さんは、たっ球の40試合で23勝しました。
勝率を求め、歩合で表しましょう。（電たく使用）

式 勝ち数 ÷ 試合数 = 勝率
　　[　　]　　[　　]　　[　　]
　くらべられる量　もとにする量　割合

答え 　　割　　分　厘

割合 ④ 名前

◎　くらべられる量を求める問題
　　もとにする量×割合＝くらべられる量

☆　メロンを 20 個売っています。昼までに、全体の 0.6 の割合に
あたるメロンが売れました。
　　メロンは何個売れましたか。

①　もとにする量は……　| 20 |

②　割合は………………　| 0.6 |

③　何個売れたか求めましょう。

　式　| 20 | × | 0.6 | = | |
　　　もとにする量　　割合　　くらべられる量

答え　　　　　　個

1　画用紙が 50 まいあります。そのうちの 0.4 の割合にあたる画用紙
を使いました。使った画用紙は何まいですか。

①　もとにする量は……　| |

②　割合は………………　| 0.4 |

| 画用紙 |

③　何まい使ったか求めましょう。

　式　| | × | 0.4 | = | |
　　　もとにする量　　割合　　くらべられる量

答え　　　　　まい

2 色紙が60まいあります。そのうち0.3の割合にあたる色紙を使いました。使った色紙は何まいですか。

① もとにする量は…… ☐

② 割合は……………… ☐

③ 何まい使ったか求めましょう。

式 ☐ × 0.3 = ☐
　　もとにする量　割合　くらべられる量

答え　　　　まい

3 なしを80個売っています。昼までに、全体の0.7の割合にあたるなしが売れました。なしは何個売れましたか。

① もとにする量は…… ☐

② 割合は……………… ☐

③ 何個売れたか求めましょう。

式 80 × ☐ = ☐
　　もとにする量　割合　くらべられる量

答え　　　　個

4 すいかを30個売っています。昼までに、全体の0.8の割合にあたるすいかが売れました。すいかは何個売れましたか。

① もとにする量は…… ☐

② 割合は……………… ☐

③ 何個売れたか求めましょう。

式 ☐ × ☐ = ☐
　　もとにする量　割合　くらべられる量

答え　　　　個

☆　灯油が 30 L あります。1 週間で 8 割（0.8）にあたる量を使いました。灯油を何 L 使いましたか。

① もとにする量の数は……　30

② 割合の数は………………　0.8

③ 何 L 使ったか求めましょう。

式　30 × 0.8 ＝
　　もとにする量　割合　くらべられる量

答え　　　　　　　　L

1　ガソリンが 20 L 入った自動車があります。1 週間で 7 割（0.7）にあたる量を使いました。ガソリンを何 L 使いましたか。

① もとにする量は……　20

② 割合は………………　

③ 何 L 使ったか求めましょう。

式　20 × 　＝
　　もとにする量　割合　くらべられる量

答え　　　　　　　L

2 ぼくの体重は 30 kg です。弟の体重は、ぼくの体重の 70 ％（0.7）にあたります。弟は何kgですか。

① もとにする量は…… ☐

② 割合は……………… 0.7

③ 弟の体重を求めましょう。

式 ☐ × 0.7 = ☐   答え ____ kg

3 兄の体重は 40 kg です。妹の体重は、兄の体重の 60 ％（0.6）にあたります。妹は何kgですか。

① もとにする量は…… 40

② 割合は……………… ☐

③ 妹の体重を求めましょう。

式 ☐ × ☐ = ☐   答え ____ kg

4 兄の体重は 40 kg です。母の体重は、兄の体重の 120 ％（1.2）にあたります。母は何kgですか。

① もとにする量は…… ☐

② 割合は……………… ☐

③ 母の体重を求めましょう。

式 ☐ × ☐ = ☐   答え ____ kg

☆　定員が 50 人のバスに、乗客は 40 人です。
　　定員をもとにして、乗客の割合を求めましょう。

	定員	乗客
	50人	40人
割合	1	?

もとにする量（定員）…… 50

くらべられる量（乗客）… 40

式　40　÷　50　＝ [　　]
　　くらべられる量　もとにする量　　割合

答え _____

1　定員が 50 人のバスに、60 人乗っています。
　　定員をもとにして、乗客の割合を求めましょう。

	定員	乗客
	50人	人
割合	1	?

もとにする量（定員）…… 50

くらべられる量（乗客）… [　　]

式 [　　] ÷　50　＝ [　　]
　　くらべられる量　もとにする量　　割合

答え _____

2 5年生40人が遊んでいます。そのうち18人ドッジボールをしています。5年生の人数をもとにして、ドッジボールをしている人数の割合を求めましょう。
（電たく使用）

式　18 ÷ □ ＝ □

答え _____

3 犬が好きな子は25人で、ねこの好きな子は22人でした。
犬好きの人数をもとにして、ねこ好きの割合を求めましょう。
（電たく使用）

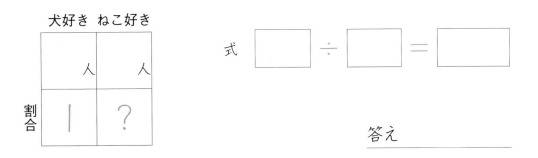

式　□ ÷ □ ＝ □

答え _____

4 5年生は65人です。全校生徒の数は377人です。
5年生をもとにして、全校生徒の割合を求めましょう。
（電たく使用）

式　□ ÷ □ ＝ □

答え _____

91

1　定員が50人のバスに、60人乗っています。
　　定員をもとにして、乗客の割合を求めましょう。　（式10点，答え10点）

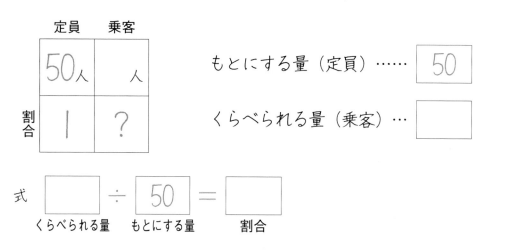

	定員	乗客
	50人	人
割合	1	？

もとにする量（定員）…… 50

くらべられる量（乗客）…

式　□ ÷ 50 ＝ □
　くらべられる量　もとにする量　割合

答え ＿＿＿＿＿＿＿＿

2　バスの定員は40人です。このバスの午前11時の乗客は、38人でした。定員をもとにして、乗客の割合を求め、百分率で表しましょう。
（電たく使用）　　　　　　　　　　　　　　（式10点，答え10点）

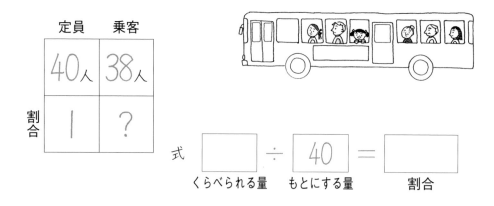

	定員	乗客
	40人	38人
割合	1	？

式　□ ÷ 40 ＝ □
　くらべられる量　もとにする量　割合

答え ＿＿＿＿＿　％

3 450さつ仕入れたノートの78％（0.78）が、1か月で売れました。1か月で売れたのは何さつでしょうか。（電たく使用）（式10点，答え10点）

仕入れ数 売り数

	さつ	さつ
割合		

式　仕入れ数 450 ×　割合 □ =　売り数 □
　　もとにする量　　割合　　くらべられる量

答え　　　　　さつ

4 今年はさつまいもが540kgとれました。これは去年とれたさつまいもの120％（1.2）にあたります。去年はさつまいもが何kgとれましたか。（電たく使用）　　　　　　　（式10点，答え10点）

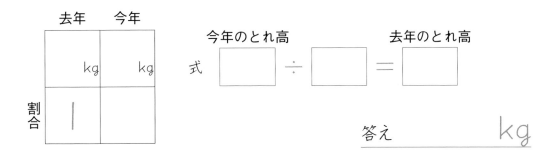

去年　今年

	kg	kg
割合	1	

式　今年のとれ高 □ ÷ □ = 去年のとれ高 □

答え　　　　　kg

5 ペンケースの定価は845円です。これは、仕入れのねだんの130％にあたります。仕入れたねだんは何円ですか。（電たく使用）　　　　　　　（式10点，答え10点）

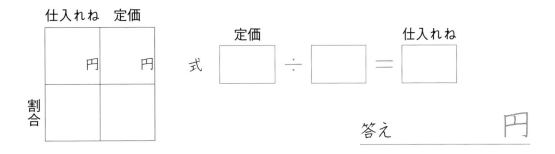

仕入れね　定価

	円	円
割合		

式　定価 □ ÷ □ = 仕入れね □

答え　　　　　円

速さ ①

名前

☆　宅配便の自動車は、2時間で60km走りました。
　　宅配便は1時間に何km走りましたか。（時速）

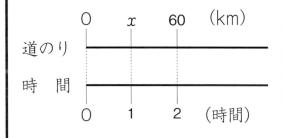

0　　x　　60　（km）

道のり ─────────────

時　間 ─────────────

0　　1　　2　（時間）

道のり（km）	x	60
時　間（時間）	1	2

速さを求める式です。

速さ＝道のり÷時間

式　| 60 | ÷ | 2 | ＝ |　　|

答え　時速　　　　km

1　マイクロバスは、3時間で120km走りました。
　　マイクロバスの時速は何kmですか。

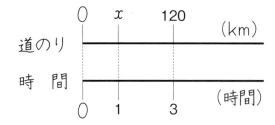

0　　x　　120

道のり ─────────────（km）

時　間 ─────────────（時間）

0　　1　　3

道のり（km）	x	120
時　間（時間）	1	3

式　| 120 | ÷ |　　| ＝ |　　|

答え　時速　　　　km

② 小型トラックは、4時間で200km走りました。
　　小型トラックの時速は何kmですか。

道のり（km）	x	
時　間（時間）	1	4

式　[　　] ÷ 4 = [　　]

答え　時速　　　　km

③ 観光バスは、高速道路を2時間で140km走りました。
　　観光バスの時速は何kmですか。

（km）	x	140
（時間）	1	

式　140 ÷ [　　] = [　　]

答え　時速　　　　km

④ 急行電車は、3時間で240km走りました。
　　急行電車の時速は何kmですか。

（km）	x	
（時間）	1	

式　[　　] ÷ [　　] = [　　]

答え　時速　　　　km

速さ ②

名前

☆　特急列車は、40分で80km走りました。
　　この特急列車は、分速何kmで走りましたか。

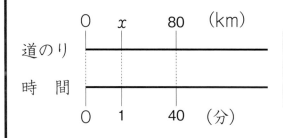

道のり　(km)	x	80
時　間　(分)	1	40

速さ＝道のり÷時間

> ここから、1分間で進む速さ
> （分速）を求める問題です。

式　80 ÷ 40 ＝ ☐　　　答え 分速　　　　km

1　急行列車は、50分で70km走りました。
　　この急行列車は、分速何kmで走りましたか。

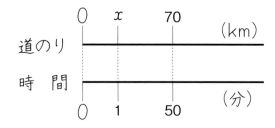

道のり　(km)	x	70
時　間　(分)	1	50

答えは小数

式　70 ÷ ☐ ＝ ☐

答え 分速　　　　km

2 家から800m先の公園まで、自転車なら4分でいけます。この自転車の分速は何mですか。

道のり （m）	x	
時 間 （分）	1	4

式　□ ÷ 4 = □

答え 分速　　　　m

3 家から駅まで520mあります。歩いていくと8分かかります。歩く速さは分速何mですか。

(m)	x	520
(分)	1	

式　520 ÷ □ = □

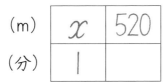

答え 分速　　　　m

4 かたつむりは、240cm進むのに3分かかりました。このかたつむりの分速は何cmですか。

(cm)	x	
(分)	1	

式　□ ÷ □ = □

答え 分速　　　　cm

☆　秋山さんは、200 m を 40 秒で走りました。
　　秋山さんは、秒速何mで走りましたか。

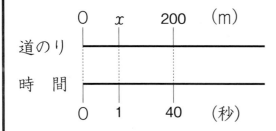

道のり　（m）	x	200
時　間　（秒）	1	40

速さ＝道のり÷時間

式　| 200 | ÷ | 40 | = | |　　答え　秒速　　　　　　m

1　馬が80 mを5秒で走りました。
　　この馬の走る速さは、秒速何mですか。

道のり　（m）	x	80
時　間　（秒）	1	5

式　| 80 | ÷ | | = | |

答え　秒速　　　　　　m

② 犬が90mを5秒で走りました。
　　この犬の走る速さは、秒速何mですか。

道のり　（m）	x	90
時　間　（秒）	l	

　　　式　☐ ÷ 5 = ☐　　　　　答え　秒速　　　　　m

③ イルカは、5秒で70m泳ぎます。
　　このイルカは、秒速何mで泳いでいますか。

(m)	x	
(秒)	l	5

　　　式　70 ÷ ☐ = ☐　　　　　答え　秒速　　　　　m

④ チーターは、5秒で160m走ります。
　　このチーターは、秒速何mで走っていますか。

(m)	x	
(秒)	l	

　　　式　☐ ÷ ☐ = ☐　　　　　答え　秒速　　　　　m

名前

............月......日

☆ 観光バスが時速45kmで走っています。
　 このバスは3時間で何km進みますか。

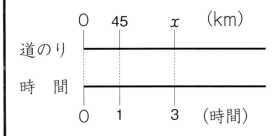

道のり　0　　45　　x　(km)

時　間　0　　1　　3　(時間)

道のり (km)	45	x
時　間 (時間)	1	3

道のり＝速さ×時間

式　$45 × 3 = \boxed{}$　　　答え　　　　km

1 高速道路を乗用車が時速72kmで走っています。
　 この乗用車は3時間で何km進みますか。

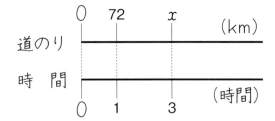

道のり　0　　72　　x　(km)

時　間　0　　1　　3　(時間)

道のり (km)	72	x
時　間 (時間)	1	3

式　$72 × 3 = \boxed{}$

答え　　　　km

2 特急列車が時速120kmで走っています。
　この特急列車は5時間で何km進みますか。

道のり（km）	120	x
時　間（時間）	1	5

式　120 × ☐ ＝ ☐　　　答え　　　　　km

3 急行列車が時速85kmで進んでいます。
　この急行列車は4時間で何km進みますか。

（km）		x
（時間）	1	4

式　☐ × 4 ＝ ☐　　　答え　　　　　km

4 チーターと同じ速さの特急列車の時速は115kmです。
　この特急列車が6時間走ると何km進みますか。

（km）		x
（時間）	1	

式　☐ × ☐ ＝ ☐　　　答え　　　　　km

◎チーターは、秒速32mです。時速にすると、32×60×60＝115200
　　　　　　　　　　　　　　　　　　　　　　約115km

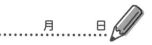

☆　時速50kmの自動車があります。
　　この自動車で200km走ると、何時間かかりますか。

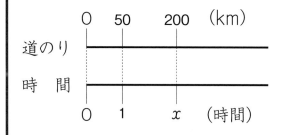

道のり（km）	50	200
時　間（時間）	1	x

時間＝道のり÷速さ

式　200 ÷ 50 ＝ ☐　　答え　　　　時間

1　時速900kmの旅客機があります。この旅客機は、2700km進むのに
何時間かかりますか。

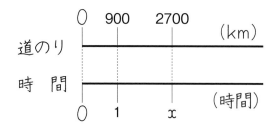

道のり（km）	900	2700
時　間（時間）	1	x

式　2700 ÷ 900 ＝ ☐

答え　　　　時間

2 時速30kmで台風が進んでいます。この台風が240kmはなれたところに来るのは何時間後ですか。

道のり（km）		240
時　間（時間）	1	x

式　$240 \div \boxed{} = \boxed{}$　　答え　　　　　　時間後

3 新幹線ひかり号は、時速190kmで走ります。ひかり号は570kmを何時間で走りますか。（電たく使用）

(km)	190	
(時間)	1	x

式　$\boxed{} \div 190 = \boxed{}$　　答え　　　　　　時間

4 時速460kmの小型飛行機があります。この小型飛行機は2300kmを飛ぶのに何時間かかりますか。（電たく使用）

(km)		
(時間)	1	x

式　$\boxed{} \div \boxed{} = \boxed{}$

答え　　　　　　時間

名前

月　　日　　点

1 新幹線は 348km を 2 時間で走ります。
時速は何kmですか。

（式10点，答え10点）

(km)	x	
(時間)	1	

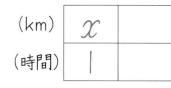

式 　　　　÷　　　　＝　　　　

答え 時速 _____ km

2 兄さんは、駅から学校までの 1700m の道を 25 分で歩きます。兄さ
んの歩く速さは、分速何mですか。（電たく使用）　　（式10点，答え10点）

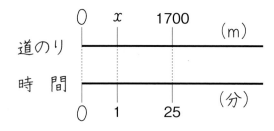

道のり　（m）	x	1700
時　間　（分）	1	25

式 1700 ÷ 　　　 ＝ 　　　

答え 分速 _____ m

3　レーシングカーが 15 秒で 1080 m 走りました。
　　このレーシングカーの秒速は何mですか。（電たく使用）

（式10点，答え10点）

道のり
時　間

道のり　（m）	x	1080
時　間　（秒）	1	15

式　1080 ÷ □ = □

答え　秒速　　　　　　m

4　急行列車が時速 85 km で進んでいます。
　　この急行列車は 4 時間で何km進みますか。　（式10点，答え10点）

(km)		x
(時間)	1	4

式　□ × 4 = □　　　答え　　　　　　km

5　時速 320 km の小型飛行機があります。この小型飛行機は 2560 km
　　を飛ぶのに何時間かかりますか。（電たく使用）　（式10点，答え10点）

(km)		
(時間)	1	x

式　□ ÷ □ = □

答え　　　　　　時間

速さの問題 ① 名前

☆　兄は分速70mで、弟は分速60mで、同じ所から反対方向へ同時に出発します。

①　1分後には、2人は何mはなれますか。

式 $\boxed{70} + \boxed{60} = \boxed{}$ 　　答え　　　　　m

②　15分後には2人は何mはなれていますか。(電たく使用)

式 $\boxed{130} \times \boxed{15} = \boxed{}$ 　　答え　　　　　m

②の問題だけなら、(70+60)×15 と、1つの式でもかけます。

1　兄は分速200mのジョギングで東へ、姉は分速60mで歩いて西へ、家の前から同時に出発しました。15分後には、2人はどれだけはなれますか。(電たく使用)

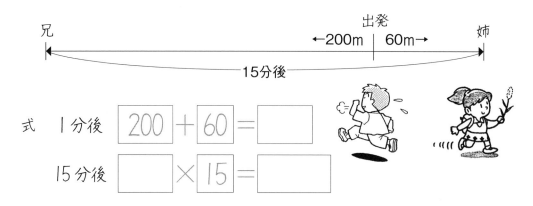

式　1分後 $\boxed{200} + \boxed{60} = \boxed{}$

　　15分後 $\boxed{} \times \boxed{15} = \boxed{}$

　　　　　　　　答え　　　　　　　　　m

2 松田さんは毎分60m、竹田さんは毎分70mで、同じ所から同時に
反対方向に歩き出しました。20分後に2人は何mはなれますか。
（電たく使用）

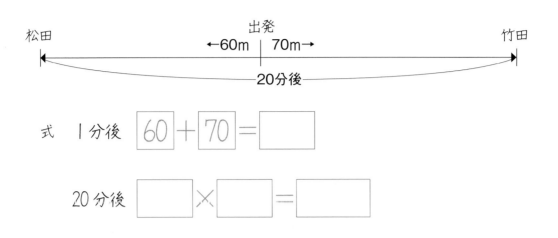

式 1分後 $\boxed{60} + \boxed{70} = \boxed{}$

20分後 $\boxed{} \times \boxed{} = \boxed{}$

答え _____ m

3 急行電車と特急電車が、同じ駅を同時に反対方向へ走り出しまし
た。急行の時速は75km、特急の時速は95kmです。6時間後には、
何kmはなれますか。（電たく使用）

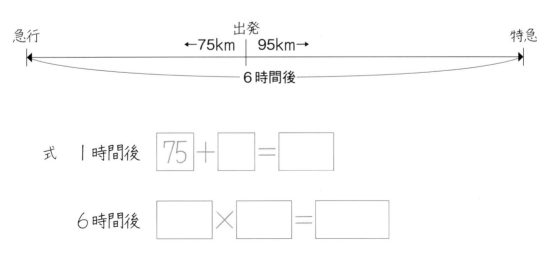

式 1時間後 $\boxed{75} + \boxed{} = \boxed{}$

6時間後 $\boxed{} \times \boxed{} = \boxed{}$

答え _____ km

名前

 月 日

☆ 兄は分速65ｍで、妹は分速60ｍで、同じ所から同じ方向へ同時に出発します。

① 1分後には何mはなれますか。

式 $\boxed{65} - \boxed{60} = \boxed{}$ 答え ＿＿＿＿＿＿ m

② 15分後には何mはなれますか。

式 $\boxed{} \times \boxed{15} = \boxed{}$ 答え ＿＿＿＿＿＿ m

②の問題だけなら、(65−60)×15＝75 と、1つの式でもかけます。

1 姉は分速60ｍで、弟は分速50ｍで歩きます。2人が同時に同じ所を出発して同じ方向へ進むと15分後には、何mはなれますか。

式 1分後 $\boxed{60} - \boxed{50} = \boxed{}$

15分後 $\boxed{} \times \boxed{15} = \boxed{}$

答え ＿＿＿＿＿＿ m

2　西田さんと北口さんは、自転車で同じ所から同じ方向へ同時にスタートします。西田さんは分速200m、北口さんは分速170mで走ります。20分後2人は何mはなれますか。

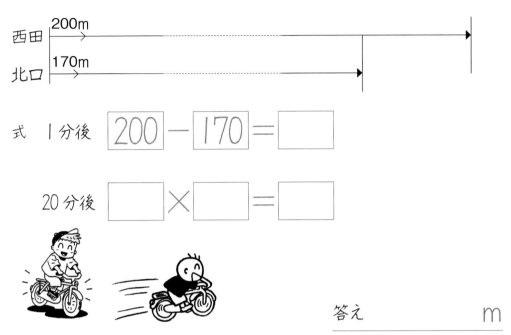

西田　200m

北口　170m

式　1分後　$\boxed{200}-\boxed{170}=\boxed{}$

20分後　$\boxed{}\times\boxed{}=\boxed{}$

答え　　　　　　　m

3　急行電車は時速70kmで、特急電車は時速100kmで、どちらも西へ向かって走っています。A駅を同時に通過しました。7時間後、何kmはなれますか。

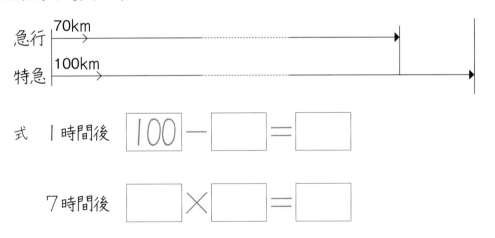

急行　70km

特急　100km

式　1時間後　$\boxed{100}-\boxed{}=\boxed{}$

7時間後　$\boxed{}\times\boxed{}=\boxed{}$

答え　　　　　　　km

速さの問題 ③

☆　兄さんは時速5kmで、私（わたし）は時速4kmで、27kmはなれた所から同時に向かい合って出発しました。兄と私は何時間後に出会いますか。

① 1時間後には何km近づきますか。

式 $\boxed{5} + \boxed{4} = \boxed{}$

答え ＿＿＿＿＿ km

② 何時間後に出会いますか。

式 $\boxed{27} \div \boxed{} = \boxed{}$

答え ＿＿＿＿＿ 時間後

1　谷川（たにがわ）さんは分速70mで、水口（みずぐち）さんは分速60mで、5200mはなれた所から、同時に向かい合って出発しました。2人は何分後に出会いますか。（電たく使用）

谷川 |70m → ・・・・・・ ►◄ ・・・・・・ ← 60m| 水口
5200m

式　1分間で $\boxed{70} + \boxed{60} = \boxed{}$

出会うのは $\boxed{5200} \div \boxed{} = \boxed{}$

答え ＿＿＿＿＿ 分後

2 A駅、B駅間は 750 kmあります。今、A駅からは特急電車が、時速 80 kmで、B駅からは急行電車が時速 70 kmで、同時に向かい合って発車しました。特急と急行は何時間後に出会いますか。（電たく使用）

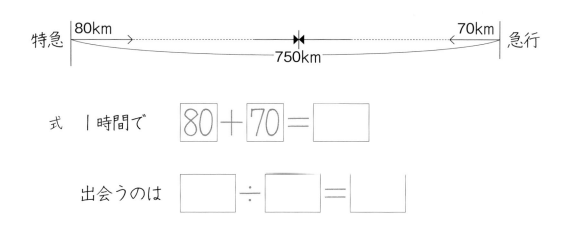

式　１時間で　　80 ＋ 70 ＝ □

出会うのは　　□ ÷ □ ＝ □

答え　　　時間後

3 小林さんと小森さんは、3000 mはなれた所から、同時に向かい合って歩き出しました。小林さんは分速 65 mで、小森さんは分速 55 mです。２人は何分後に出会いますか。（電たく使用）

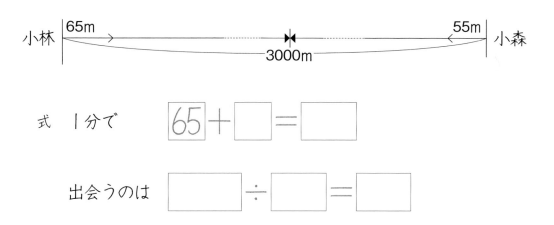

式　１分で　　65 ＋ □ ＝ □

出会うのは　　□ ÷ □ ＝ □

答え　　　分後

名前

月　　日

☆　兄は分速70mで、私(わたし)は分速60mで、家の前から同時に出発して、700m先の公園に向かいます。

① 兄は何分で公園に着きますか。

式 $700 \div 70 = 10$　　　答え　　　　分

② そのとき、私は家から何mの所にいますか。

式 $60 \times 10 = \boxed{}$　　　答え　　　　m

1 姉は分速70mで、妹は分速65mで、家の前から同時に出発して、560m先の公園に向かいます。

① 姉は何分で公園に着きますか。

式 $560 \div 70 = \boxed{}$　　　答え　　　　分

② そのとき、妹は家から何mの所にいますか。（電たく使用）

式 $65 \times \boxed{} = \boxed{}$　　　答え　　　　m

112

2 　兄と姉は自転車で、家の前から出発して、4000 m先の植物園に向かいます。兄の分速は200 mで、姉の分速は180 mです。（電たく使用）

① 　兄は何分で植物園に着きますか。

式 $\boxed{4000} \div \boxed{200} = \boxed{}$ 　　　答え 　　　 分

② 　そのとき、姉は家から何mの所にいますか。（電たく使用）

式 $\boxed{180} \times \boxed{} = \boxed{}$ 　　　答え 　　　 m

③ 　姉は、植物園まで後何mですか。（電たく使用）

式 $\boxed{4000} - \boxed{} = \boxed{}$ 　　　答え 　　　 m

3 　原さんと谷さんは自転車で、学校前を同時に出発して、4500 m先のばら園に向かいます。原さんの分速は180 mで、谷さんの分速は170 mです。原さんがばら園に着いたとき、谷さんはばら園まで後何mの所にいますか。（電たく使用）

式 　原さんは
何分で 　$\boxed{4500} \div \boxed{} = \boxed{}$

谷さんは
どこ 　$\boxed{170} \times \boxed{} = \boxed{}$

後何m 　$\boxed{4500} - \boxed{} = \boxed{}$

答え 　　　 m

答　え

「小数のかけ算」では、「整数×小数」から「小数×小数」へと問題のレベルを上げています。ここで注意したいのが小数点の位置です。
　小数のかけ算は、
　3×0.1 のような「整数×小数」の問題では答えが「0.3」となります。
　0.1×0.2 のような、「小数×小数」の問題では答えが「0.02」になります。「0.2」としないよう注意しましょう。
　小数を2つかけると、答えの小数点をうつ位置に気をつけましょう。

P. 4、5　小数のかけ算①

☆　式　　$1.2 \times 8 = 9.6$

答え　9.6kg

1　式　　$1.8 \times 5 = 9$

答え　9kg

2　式　　$4.2 \times 12 = 50.4$

答え　50.4L

3　式　　$3.5 \times 24 = 84$

答え　84L

4　式　　$0.75 \times 6 = 4.5$

答え　4.5kg

P. 6、7　小数のかけ算②

☆1　式　　$6 \times 0.8 = 4.8$

答え　4.8m²

☆2　式　　$5 \times 0.8 = 4.0$

答え　4m²

1　式　　$8 \times 4.6 = 36.8$

答え　36.8m²

2　式　　$12 \times 8.3 = 99.6$

答え　99.6m²

3　式　　$25 \times 8.4 = 210$

答え　210m²

4　式　　$30 \times 9.5 = 285$

答え　285m²

P. 8、9　小数のかけ算③

☆①　式　　$65 \times 2.6 = 169$

答え　169円

②　式　　$65 \times 3.8 = 247$

答え　247円

1　式　　$70 \times 4.5 = 315$

答え　315円

2　式　　$26 \times 3.4 = 88.4$

答え　88.4L

3　式　　$60 \times 5.8 = 348$

答え　348L

4　式　　$18 \times 0.45 = 8.1$

答え　8.1kg

P. 10、11　小数のかけ算④

☆　式　　$1.4 \times 0.6 = 0.84$

答え　0.84kg

1　式　　$1.5 \times 0.6 = 0.9$

答え　0.9kg

2　式　　$1.3 \times 0.8 = 1.04$

答え　1.04kg

3　式　　$3.8 \times 0.8 = 3.04$

答え　3.04m²

4　式　　$7.6 \times 0.6 = 4.56$

答え　4.56kg

P.12、13　小数のかけ算⑤

☆　式　　$3.5 \times 1.8 = 6.3$

答え　6.3m²

① 式　　$1.8 \times 4.5 = 8.1$

答え　8.1m²

② 式　　$2.4 \times 3.5 = 8.4$

答え　8.4m²

③ 式　　$1.5 \times 2.8 = 4.2$

答え　4.2m²

④ 式　　$1.6 \times 3.5 = 5.6$

答え　5.6kg

P.14、15　小数のかけ算⑥

☆　式　　$2.7 \times 2.7 = 7.29$

答え　7.29m²

① 式　　$3.6 \times 3.6 = 12.96$

答え　12.96m²

② 式　　$3.8 \times 8.4 = 31.92$

答え　31.92m²

③ 式　　$4.6 \times 4.6 = 21.16$

答え　21.16m²

④ 式　　$5.4 \times 6.5 = 35.1$

答え　35.1m²

P.16、17　小数のかけ算　まとめ

① 式　　$3.6 \times 15 = 54$

答え　54L

② 式　　$22 \times 9.6 = 211.2$

答え　211.2m²

③ 式　　$55.5 \times 0.4 = 22.2$

答え　22.2kg

④ 式　　$1.2 \times 4.3 = 5.16$

答え　5.16kg

⑤ 式　　$3.6 \times 3.6 = 12.96$

答え　12.96m²

　「小数のわり算」では、「整数÷小数」から「小数÷小数」へと問題のレベルを上げています。ここでも注意したいのが小数点の位置です。
　小数のわり算は、
　「わる数」が小数のとき、小数点を動かして考えます。詳しくはP18の☆の筆算です。
　「7÷0.5」を「70÷5」として考えます。答えは「14」です。「1.4」とならないよう注意しましょう。

P.18、19　小数のわり算①

☆　式　　$7.2 \div 3 = 2.4$

答え　2.4m

① 式　　$7.2 \div 4 = 1.8$

答え　1.8m

② 式　　$9.5 \div 2 = 4$ あまり 1.5

答え　4本、あまり1.5m

③ 式　　$9.5 \div 3 = 3$ あまり 0.5

答え　3本、あまり0.5m

④ 式　　$9.5 \div 4 = 2$ あまり 1.5

答え　2本、あまり1.5m

P.20、21　小数のわり算②

☆　式　　$7 \div 0.5 = 14$

答え　14本

① 式　　$6 \div 0.5 = 12$

答え　12本

② 式　　8 ÷ 0.5 = 16

　　　　　　　　　　　答え　16本

③ 式　　9 ÷ 0.6 = 15

　　　　　　　　　　　答え　15本

④ 式　　6 ÷ 1.2 = 5

　　　　　　　　　　　答え　5本

P. 22、23　小数のわり算③

☆ 式　　10 ÷ 2.5 = 4

　　　　　　　　　　　答え　4kg

① 式　　12 ÷ 2.4 = 5

　　　　　　　　　　　答え　5kg

② 式　　35 ÷ 1.4 = 25

　　　　　　　　　　　答え　25m

③ 式　　27 ÷ 1.8 = 15

　　　　　　　　　　　答え　15本

④ 式　　35 ÷ 2.5 = 14

　　　　　　　　　　　答え　14ふくろ

P. 24、25　小数のわり算④

☆ 式　　13.5 ÷ 0.5 = 27

　　　　　　　　　　　答え　27本

① 式　　20.4 ÷ 0.6 = 34

　　　　　　　　　　　答え　34本

② 式　　14.4 ÷ 0.8 = 18

　　　　　　　　　　　答え　18km

③ 式　　17.1 ÷ 0.9 = 19

　　　　　　　　　　　答え　19km

④ 式　　21.6 ÷ 0.4 = 54

　　　　　　　　　　　答え　54個

P. 26、27　小数のわり算⑤

☆ 式　　25.5 ÷ 1.7 = 15

　　　　　　　　　　　答え　15本

① 式　　38.4 ÷ 1.6 = 24

　　　　　　　　　　　答え　24本

② 式　　25.2 ÷ 1.4 = 18

　　　　　　　　　　　答え　18km

③ 式　　64.8 ÷ 1.8 = 36

　　　　　　　　　　　答え　36本

④ 式　　38.4 ÷ 1.2 = 32

　　　　　　　　　　　答え　32ふくろ

P. 28、29　小数のわり算⑥

☆ 式　　8.84 ÷ 2.6 = 3.4

　　　　　　　　　　　答え　3.4m

① 式　　9.72 ÷ 3.6 = 2.7

　　　　　　　　　　　答え　2.7m

② 式　　6.75 ÷ 2.5 = 2.7

　　　　　　　　　　　答え　2.7倍

③ 式　　9.52 ÷ 3.4 = 2.8

　　　　　　　　　　　答え　2.8m

④ 式　　9.12 ÷ 2.4 = 3.8

　　　　　　　　　　　答え　3.8m

P. 30、31　少数のわり算 まとめ

① 式　　9.2 ÷ 4 = 2.3

　　　　　　　　　　　答え　2.3m

② 式　　45 ÷ 1.8 = 25

　　　　　　　　　　　答え　25m

③ 式　　12.8 ÷ 0.8 = 16

　　　　　　　　　　　答え　16個

④ 式　　30.8 ÷ 1.1 = 28

　　　　　　　　　　　答え　28ふくろ

⑤ 式　　8.96 ÷ 3.2 = 2.8

　　　　　　　　　　　答え　2.8m

わからない数を□にして考える問題です。

□を求めるために、問題文をよく読んで式をたてることが大切です。

P28の☆では「15まいもらう」とあるのでたし算とわかります。

式は □+15=50 になります。

□+15=50　→　□=50−15
□×5=100　→　□=100÷5

P．32、33　□を使う問題①

☆　式　$\square + 15 = 50$
$$\square = 50 - 15$$
$$= 35$$

答え　35まい

$\boxed{1}$　式　$\square + 0.2 = 5$
$$\square = 5 - 0.2$$
$$\square = 4.8$$

答え　4.8kg

☆　式　$\square - 14 = 26$
$$\square = 26 + 14$$
$$= 40$$

答え　40人

$\boxed{2}$　式　$\square - 0.6 = 14$
$$\square = 1.4 + 0.6$$
$$= 2$$

答え　2 L

P．34、35　□を使う問題②

☆　式　$\square \times 5 = 100$
$$\square = 100 \div 5$$
$$= 20$$

答え　20円

$\boxed{1}$　式　$\square \times 6 = 1.8$
$$\square = 1.8 \div 6$$
$$= 0.3$$

答え　0.3kg

☆　式　$\square \div 10 = 7$
$$\square = 7 \times 10$$
$$= 70$$

答え　70まい

$\boxed{2}$　式　$\square \div 6 = 0.5$
$$\square = 0.5 \times 6$$
$$= 3$$

答え　3 L

分数の問題です。

通分、約分に気をつけて問題を解きましょう。

P．36、37　分数のたし算①

☆　式　$\dfrac{3}{8} + \dfrac{1}{4} = \dfrac{3}{8} + \dfrac{2}{8}$
$$= \dfrac{5}{8}$$

答え　$\dfrac{5}{8}$ L

$\boxed{1}$　式　$\dfrac{3}{10} + \dfrac{2}{5} = \dfrac{3}{10} + \dfrac{4}{10}$
$$= \dfrac{7}{10}$$

答え　$\dfrac{7}{10}$ L

$\boxed{2}$　式　$\dfrac{2}{3} + \dfrac{1}{6} = \dfrac{4}{6} + \dfrac{1}{6}$
$$= \dfrac{5}{6}$$

答え　$\dfrac{5}{6}$ kg

$\boxed{3}$　式　$\dfrac{5}{9} + \dfrac{2}{3} = \dfrac{5}{9} + \dfrac{6}{9}$
$$= \dfrac{11}{9} = 1\dfrac{2}{9}$$

答え　$1\dfrac{2}{9}$ m

P．38、39　分数のたし算②

☆　式　$\dfrac{1}{3}+\dfrac{2}{5}=\dfrac{5}{15}+\dfrac{6}{15}$

　　　　　$=\dfrac{11}{15}$

答え　$\dfrac{11}{15}$L

① 式　$\dfrac{2}{5}+\dfrac{1}{4}=\dfrac{8}{20}+\dfrac{5}{20}$

　　　　　$=\dfrac{13}{20}$

答え　$\dfrac{13}{20}$kg

② 式　$\dfrac{3}{4}+\dfrac{1}{7}=\dfrac{21}{28}+\dfrac{4}{28}$

　　　　　$=\dfrac{25}{28}$

答え　$\dfrac{25}{28}$L

③ 式　$\dfrac{3}{5}+\dfrac{2}{3}=\dfrac{9}{15}+\dfrac{10}{15}$

　　　　　$=\dfrac{19}{15}=1\dfrac{4}{15}$

答え　$1\dfrac{4}{15}$m

P．40、41　分数のたし算③

☆　式　$\dfrac{3}{4}+\dfrac{1}{6}=\dfrac{9}{12}+\dfrac{2}{12}$

　　　　　$=\dfrac{11}{12}$

答え　$\dfrac{11}{12}$L

① 式　$\dfrac{3}{10}+\dfrac{7}{15}=\dfrac{9}{30}+\dfrac{14}{30}$

　　　　　$=\dfrac{23}{30}$

答え　$\dfrac{23}{30}$kg

② 式　$\dfrac{5}{6}+\dfrac{1}{9}=\dfrac{15}{18}+\dfrac{2}{18}$

　　　　　$=\dfrac{17}{18}$

答え　$\dfrac{17}{18}$L

P．42、43　分数のたし算④

☆　式　$\dfrac{3}{10}+\dfrac{1}{5}=\dfrac{3}{10}+\dfrac{2}{10}$

　　　　　$=\dfrac{5}{10}\overset{1}{{}_{2}}=\dfrac{1}{2}$

答え　$\dfrac{1}{2}$kg

① 式　$\dfrac{5}{12}+\dfrac{1}{4}=\dfrac{5}{12}+\dfrac{3}{12}$

　　　　　$=\dfrac{8}{12}\overset{2}{{}_{3}}=\dfrac{2}{3}$

答え　$\dfrac{2}{3}$kg

② 式　$\dfrac{1}{6}+\dfrac{7}{12}=\dfrac{2}{12}+\dfrac{7}{12}$

　　　　　$=\dfrac{9}{12}\overset{3}{{}_{4}}=\dfrac{3}{4}$

答え　$\dfrac{3}{4}$L

③ 式　$\dfrac{11}{15}+\dfrac{3}{5}=\dfrac{11}{15}+\dfrac{9}{15}$

　　　　　$=\dfrac{20}{15}\overset{4}{{}_{3}}=\dfrac{4}{3}=1\dfrac{1}{3}$

答え　$1\dfrac{1}{3}$m

P．44、45　分数のたし算⑤

☆　式　$\dfrac{1}{6}+\dfrac{2}{15}=\dfrac{5}{30}+\dfrac{4}{30}$

　　　　　$=\dfrac{9}{30}\overset{3}{{}_{10}}=\dfrac{3}{10}$

答え　$\dfrac{3}{10}$L

① 式　$\dfrac{8}{15}+\dfrac{3}{10}=\dfrac{16}{30}+\dfrac{9}{30}$

　　　　　$=\dfrac{25}{30}\overset{5}{{}_{6}}=\dfrac{5}{6}$

答え　$\dfrac{5}{6}$L

2 式　$\dfrac{1}{6}+\dfrac{9}{14}=\dfrac{7}{42}+\dfrac{27}{42}$

$=\dfrac{\overset{17}{\cancel{34}}}{\cancel{42}_{21}}=\dfrac{17}{21}$

答え　$\dfrac{17}{21}$kg

3 式　$\dfrac{8}{15}+\dfrac{11}{20}=\dfrac{32}{60}+\dfrac{33}{60}$

$=\dfrac{\overset{13}{\cancel{65}}}{\cancel{60}_{12}}=\dfrac{13}{12}=1\dfrac{1}{12}$

答え　$1\dfrac{1}{12}$m

P.46、47　分数のたし算　まとめ

1 式　$\dfrac{1}{2}+\dfrac{1}{6}=\dfrac{3}{6}+\dfrac{1}{6}$

$=\dfrac{\overset{2}{\cancel{4}}}{\cancel{6}_{3}}=\dfrac{2}{3}$

答え　$\dfrac{2}{3}$kg

2 式　$\dfrac{2}{7}+\dfrac{1}{3}=\dfrac{6}{21}+\dfrac{7}{21}$

$=\dfrac{13}{21}$

答え　$\dfrac{13}{21}$m

3 式　$\dfrac{3}{8}+\dfrac{1}{12}=\dfrac{9}{24}+\dfrac{2}{24}$

$=\dfrac{11}{24}$

答え　$\dfrac{11}{24}$L

4 式　$\dfrac{7}{10}+\dfrac{2}{15}=\dfrac{21}{30}+\dfrac{4}{30}$

$=\dfrac{\overset{5}{\cancel{25}}}{\cancel{30}_{6}}=\dfrac{5}{6}$

答え　$\dfrac{5}{6}$kg

P.48、49　分数のひき算①

☆ 式　$\dfrac{7}{8}-\dfrac{3}{4}=\dfrac{7}{8}-\dfrac{6}{8}$

$=\dfrac{1}{8}$

答え　$\dfrac{1}{8}$L

1 式　$\dfrac{9}{10}-\dfrac{3}{5}=\dfrac{9}{10}-\dfrac{6}{10}$

$=\dfrac{3}{10}$

答え　$\dfrac{3}{10}$L

2 式　$\dfrac{7}{9}-\dfrac{1}{3}=\dfrac{7}{9}-\dfrac{3}{9}$

$=\dfrac{4}{9}$

答え　$\dfrac{4}{9}$kg

3 式　$1\dfrac{2}{9}-\dfrac{2}{3}=1\dfrac{2}{9}-\dfrac{6}{9}$

$=\dfrac{11}{9}-\dfrac{6}{9}$

$=\dfrac{5}{9}$

答え　$\dfrac{5}{9}$m

P.50、51　分数のひき算②

☆ 式　$\dfrac{3}{4}-\dfrac{1}{3}=\dfrac{9}{12}-\dfrac{4}{12}$

$=\dfrac{5}{12}$

答え　$\dfrac{5}{12}$L

1 式　$\dfrac{4}{5}-\dfrac{2}{3}=\dfrac{12}{15}-\dfrac{10}{15}$

$=\dfrac{2}{15}$

答え　$\dfrac{2}{15}$kg

2 式　$\dfrac{4}{5}-\dfrac{3}{4}=\dfrac{16}{20}-\dfrac{15}{20}$

$=\dfrac{1}{20}$

答え　$\dfrac{1}{20}$m

3 式　$1\dfrac{1}{6}-\dfrac{3}{5}=1\dfrac{5}{30}-\dfrac{18}{30}$

$=\dfrac{35}{30}-\dfrac{18}{30}$

$=\dfrac{17}{30}$

答え　$\dfrac{17}{30}$m

P．52、53　分数のひき算③

☆　式　$\dfrac{3}{4}-\dfrac{1}{6}=\dfrac{9}{12}-\dfrac{2}{12}$

$=\dfrac{7}{12}$

答え　$\dfrac{7}{12}$kg

1　式　$\dfrac{7}{10}-\dfrac{4}{15}=\dfrac{21}{30}-\dfrac{8}{30}$

$=\dfrac{13}{30}$

答え　$\dfrac{13}{30}$L

2　式　$\dfrac{5}{6}-\dfrac{2}{9}=\dfrac{15}{18}-\dfrac{4}{18}$

$=\dfrac{11}{18}$

答え　$\dfrac{11}{18}$L

3　式　$1\dfrac{1}{4}-\dfrac{7}{10}=1\dfrac{5}{20}-\dfrac{14}{20}$

$=\dfrac{25}{20}-\dfrac{14}{20}$

$=\dfrac{11}{20}$

答え　$\dfrac{11}{20}$m

P．54、55　分数のひき算④

☆　式　$\dfrac{5}{6}-\dfrac{1}{3}=\dfrac{5}{6}-\dfrac{2}{6}$

$=\dfrac{\cancel{3}^{1}}{\cancel{6}_{2}}=\dfrac{1}{2}$

答え　$\dfrac{1}{2}$L

1　式　$\dfrac{7}{12}-\dfrac{1}{4}=\dfrac{7}{12}-\dfrac{3}{12}$

$=\dfrac{\cancel{4}^{1}}{\cancel{12}_{3}}=\dfrac{1}{3}$

答え　$\dfrac{1}{3}$L

2　式　$\dfrac{7}{10}-\dfrac{1}{5}=\dfrac{7}{10}-\dfrac{2}{10}$

$=\dfrac{\cancel{5}^{1}}{\cancel{10}_{2}}=\dfrac{1}{2}$

答え　$\dfrac{1}{2}$m

3　式　$1\dfrac{1}{6}-\dfrac{5}{12}=1\dfrac{2}{12}-\dfrac{5}{12}$

$=\dfrac{14}{12}-\dfrac{5}{12}$

$=\dfrac{\cancel{9}^{3}}{\cancel{12}_{4}}=\dfrac{3}{4}$

答え　$\dfrac{3}{4}$kg

P．56、57　分数のひき算⑤

☆　式　$\dfrac{3}{10}-\dfrac{2}{15}=\dfrac{9}{30}-\dfrac{4}{30}$

$=\dfrac{\cancel{5}^{1}}{\cancel{30}_{6}}=\dfrac{1}{6}$

答え　$\dfrac{1}{6}$L

1　式　$\dfrac{7}{15}-\dfrac{1}{6}=\dfrac{14}{30}-\dfrac{5}{30}$

$=\dfrac{\cancel{9}^{3}}{\cancel{30}_{10}}=\dfrac{3}{10}$

答え　$\dfrac{3}{10}$L

2　式　$\dfrac{9}{20}-\dfrac{1}{30}=\dfrac{27}{60}-\dfrac{2}{60}$

$=\dfrac{\cancel{25}^{5}}{\cancel{60}_{12}}=\dfrac{5}{12}$

答え　$\dfrac{5}{12}$kg

3　式　$1\dfrac{1}{12}-\dfrac{7}{20}=1\dfrac{5}{60}-\dfrac{21}{60}$

$=\dfrac{65}{60}-\dfrac{21}{60}$

$=\dfrac{\cancel{44}^{11}}{\cancel{60}_{15}}=\dfrac{11}{15}$

答え　$\dfrac{11}{15}$kg

P．58、59　分数のひき算　まとめ

1　式　$\dfrac{7}{10}-\dfrac{2}{5}=\dfrac{7}{10}-\dfrac{4}{10}$

$=\dfrac{3}{10}$

答え　$\dfrac{3}{10}$L

2　式　$\dfrac{5}{6}-\dfrac{7}{10}=\dfrac{25}{30}-\dfrac{21}{30}$

$=\dfrac{\cancel{4}^{2}}{\cancel{30}_{15}}=\dfrac{2}{15}$

答え　$\dfrac{2}{15}$kg

3 式 $1\dfrac{2}{7} - \dfrac{1}{4} = 1\dfrac{8}{28} - \dfrac{7}{28}$

$= 1\dfrac{1}{28}$

答え $1\dfrac{1}{28}$ m

4 式 $1\dfrac{5}{12} - \dfrac{3}{4} = 1\dfrac{5}{12} - \dfrac{9}{12}$

$= \dfrac{17}{12} - \dfrac{9}{12}$

$= \dfrac{\overset{2}{8}}{\underset{3}{12}} = \dfrac{2}{3}$

答え $\dfrac{2}{3}$ L

P.60、61 平均①

☆① 式　$4 + 6 + 5 + 7 + 3 = 25$

答え　25まい

② 式　$25 \div 5 = 5$

答え　5まい

1 ① 式　$6 + 4 + 3 + 5 + 7 = 25$

答え　25さつ

② 式　$25 \div 5 = 5$

答え　5さつ

2 合計　$8 + 0 + 4 + 2 + 6 = 20$

平均　$20 \div 5 = 4$

答え　4個

3 合計　$57 + 60 + 59 + 56 = 232$

平均　$232 \div 4 = 58$

答え　58g

P.62、63 平均②

☆ 式　$14 + 18 + 16 + 20 = 68$

$68 \div 4 = 17$

答え　17kg

1 式　$7 + 6 + 0 + 8 + 9 = 30$

$30 \div 5 = 6$

答え　6人

2 式　$27 + 26 + 23 + 28 = 104$

$104 \div 4 = 26$

答え　26kg

3 式　$96 + 88 + 94 + 100 + 92 = 470$

$470 \div 5 = 94$

答え　94点

単位量あたりを求める問題です。
この問題では4マス表を多く用いています。
それぞれ分かる所に数を書き込むと、求めるもの（？が）は何かが分かります。
問題を解く助けにもなります。
4マス表がない問題で難しいと感じたら、自分で4マス表をかいてみましょう。

P.64、65 単位量あたり①

☆ 東池　$12 \div 8 = 1.5$

西池　$14 \div 10 = 1.4$

答え　東池

1 南池　$12 \div 50 = 0.24$

北池　$10 \div 40 = 0.25$

答え　北池

2 東農場　$1410 \div 3 = 470$

南農場　$2370 \div 5 = 474$

西農場　$4650 \div 10 = 465$

答え　南農場

3 なす　$16.2 \div 6 = 2.7$

トマト　$11.2 \div 4 = 2.8$

答え　トマトの畑

P. 66、67　単位量あたり②

☆　式　　$340 \div 5 = 68$

?	340
1	5

答え　68kg

1　式　　$180 \div 4 = 45$

?	180
1	4

答え　45kg

2　式　　$270 \div 10 = 27$

?	270
1	10

答え　27円

3　式　　$168 \div 3 = 56$

?	168
1	3

答え　56円

4　式　　$750 \div 15 = 50$

?	750
1	15

答え　50g

P. 68、69　単位量あたり③

☆　式　　$6440 \div 35 = 184$

?	6440
1	35

答え　184人

1　式　　$7392 \div 42 = 176$

?	7392
1	42

答え　176人

2　式　　$350000 \div 277 = 1263.5\cdots$

答え　1264人

3　式　　$1450000 \div 828 = 1751.2\cdots$

答え　1751人

4　式　　$1500000 \div 552 = 2717.3\cdots$

答え　2717人

P. 70、71　単位量あたり④

☆　式　　$16 \times 8 = 128$

16	?
1	8

答え　128個

1　式　　$24 \times 6 = 144$

24	?
1	6

答え　144本

2　式　　$360 \times 5 = 1800$

360	?
1	5

答え　1800円

3　式　　$160 \times 6 = 960$

160	?
1	6

答え　960円

4　式　　$180 \times 7 = 1260$

180	?
1	7

答え　1260mL

P. 72、73　単位量あたり⑤

☆　式　　$270 \times 35 = 9450$

270	?
1	35

答え　9450円

1　式　　$320 \times 25 = 8000$

320	?
1	25

答え　8000円

2　式　　$450 \times 28 = 12600$

450	?
1	28

答え　12600円

3　式　　$10.5 \times 74 = 777$

10.5	?
1	74

答え　777g

4　式　　$8.96 \times 45 = 403.2$

8.96	?
1	45

答え　403.2g

P. 74、75　単位量あたり⑥

☆　式　　$240 \div 10 = 24$

10	240
1	?

答え　24まい

1　式　　$320 \div 8 = 40$

8	320
1	?

答え　40まい

2 式　300 ÷ 10 = 30

10	300
1	?

答え　30本

3 式　300 ÷ 6 = 50

6	300
1	?

答え　50m

4 式　360 ÷ 60 = 6

60	360
1	?

答え　6本

P．76、77　単位量あたり⑦

☆ 式　80 ÷ 3.2 = 25

3.2	80
1	?

答え　25L

1 式　256 ÷ 1.6 = 160

1.6	256
1	?

答え　160m²

2 式　816 ÷ 6.8 = 120

6.8	816
1	?

答え　120m²

3 式　108 ÷ 4.5 = 24

4.5	108
1	?

答え　24m

4 式　432 ÷ 4.5 = 96

4.5	432
1	?

答え　96a

P．78、79　単位量あたり　まとめ

1 式　144 ÷ 24 = 6

?	144
1	24

答え　6個

2 式　75 × 6 = 450

75	?
1	6

答え　450g

3 式　270 ÷ 45 = 6

45	270
1	?

答え　6分

4 式　700 ÷ 28 = 25

28	700
1	?

答え　25m

5 式　8.96 × 45 = 403.2

8.96	?
1	45

答え　403.2g

P．80、81　割合①

☆ ① 10

② 4

③ 式　4 ÷ 10 = 0.4

答え　0.4

1 ① 30

② 12

③ 式　12 ÷ 30 = 0.4

答え　0.4

2 ① 30

② 27

③ 式　27 ÷ 30 = 0.9

答え　0.9

3 ① 20

② 12

③ 式　12 ÷ 20 = 0.6

答え　0.6

4 ① 10

② 6

③ 式　6 ÷ 10 = 0.6

答え　0.6

P. 82、83　割合②

☆　式　　$40 \div 50 = 0.8$

　　　　　$0.8 \times 100 = 80$

答え　80%

1　式　　$46 \div 50 = 0.92$

　　　　　$0.92 \times 100 = 92$

答え　92%

2　式　　$102 \div 120 = 0.85$

　　　　　$0.85 \times 100 = 85$

答え　85%

3　式　　$120 \div 120 = 1$

　　　　　$1 \times 100 = 100$

答え　100%

4　式　　$138 \div 120 = 1.15$

　　　　　$1.15 \times 100 = 115$

答え　115%

P. 84、85　割合③

☆　式　　$2 \div 5 = 0.4$

答え　0.4

1　式　　$1 \div 4 = 0.25$

答え　2割5分

2　式　　$13 \div 20 = 0.65$

答え　6割5分

3　式　　$16 \div 25 = 0.64$

答え　6割4分

4　式　　$23 \div 40 = 0.575$

答え　5割7分5厘

P. 86、87　割合④

☆　① 20

　　② 0.6

　　③ 式　　$20 \times 0.6 = 12$

答え　12個

1　① 50

　② 0.4

　③ 式　　$50 \times 0.4 = 20$

答え　20まい

2　① 60

　② 0.3

　③ 式　　$60 \times 0.3 = 18$

答え　18まい

3　① 80

　② 0.7

　③ 式　　$80 \times 0.7 = 56$

答え　56個

4　① 30

　② 0.8

　③ 式　　$30 \times 0.8 = 24$

答え　24個

P. 88、89　割合⑤

☆　① 30

　　② 0.8

　　③ 式　　$30 \times 0.8 = 24$

答え　24L

1　① 20

　② 0.7

　③ 式　　$20 \times 0.7 = 14$

答え　14L

2　① 30

　② 0.7

　③ 式　　$30 \times 0.7 = 21$

答え　21kg

3 ① 40

　② 0.6

　③ 式　40 × 0.6 = 24

　　　　　　　　　答え　24kg

4 ① 40

　② 1.2

　③ 式　40 × 1.2 = 48

　　　　　　　　　答え　48kg

P．90、91　割合⑥

☆　もとにする量……50

　くらべられる量…40

　式　40 ÷ 50 = 0.8

50	40
1	?

答え　0.8

1　もとにする量……50

　くらべられる量…60

　式　60 ÷ 50 = 1.2

50	60
1	?

答え　1.2

2　式　18 ÷ 40 = 0.45

40	18
1	?

答え　0.45

3　式　22 ÷ 25 = 0.88

25	22
1	?

答え　0.88

4　式　377 ÷ 65 = 5.8

65	377
1	?

答え　5.8

P．92、93　割合 まとめ

1　もとにする量……50

　くらべられる量…60

　式　60 ÷ 50 = 1.2

答え　1.2

2　式　38 ÷ 40 = 0.95

40	38
1	?

答え　95%

3　式　450 × 0.78 = 351

450	?
1	0.78

答え　351さつ

4　式　540 ÷ 1.2 = 450

?	540
1	1.2

答え　450kg

5　式　845 ÷ 1.3 = 650

?	845
1	1.3

答え　650円

> 「速さ」と「道のり」「時間」を求める問題です。4マス表を使うと分かりやすくなります。分からない数を x として求めましょう。

P．94、95　速さ①

☆　式　60 ÷ 2 = 30

x	60
1	2

答え　時速30km

1　式　120 ÷ 3 = 40

x	120
1	3

答え　時速40km

2　式　200 ÷ 4 = 50

x	200
1	4

答え　時速50km

3　式　140 ÷ 2 = 70

x	140
1	2

答え　時速70km

4　式　240 ÷ 3 = 80

x	240
1	3

答え　時速80km

P．96、97　速さ②

☆　式　　$80 \div 40 = 2$

x	80
1	40

答え　分速2km

1　式　　$70 \div 50 = 1.4$

x	70
1	50

答え　分速1.4km

2　式　　$800 \div 4 = 200$

x	800
1	4

答え　分速200m

3　式　　$520 \div 8 = 65$

x	520
1	8

答え　分速65m

4　式　　$240 \div 3 = 80$

x	240
1	3

答え　分速80cm

P．98、99　速さ③

☆　式　　$200 \div 40 = 5$

x	200
1	40

答え　秒速5m

1　式　　$80 \div 5 = 16$

x	80
1	5

答え　秒速16m

2　式　　$90 \div 5 = 18$

x	90
1	5

答え　秒速18m

3　式　　$70 \div 5 = 14$

x	70
1	5

答え　秒速14m

4　式　　$160 \div 5 = 32$

x	160
1	5

答え　秒速32m

P．100、101　速さ④

☆　式　　$45 \times 3 = 135$

45	x
1	3

答え　135km

1　式　　$72 \times 3 = 216$

72	x
1	3

答え　216km

2　式　　$120 \times 5 = 600$

120	x
1	5

答え　600km

3　式　　$85 \times 4 = 340$

85	x
1	4

答え　340km

4　式　　$115 \times 6 = 690$

115	x
1	6

答え　690km

P．102、103　速さ⑤

☆　式　　$200 \div 50 = 4$

50	200
1	x

答え　4時間

1　式　　$2700 \div 900 = 3$

900	2700
1	x

答え　3時間

2　式　　$240 \div 30 = 8$

30	240
1	x

答え　8時間後

3　式　　$570 \div 190 = 3$

190	570
1	x

答え　3時間

4　式　　$2300 \div 460 = 5$

460	2300
1	x

答え　5時間

P．104、105　速さ まとめ

1　式　　$348 \div 2 = 174$

x	348
1	2

答え　時速174km

2　式　　$1700 \div 25 = 68$

x	1700
1	25

答え　分速68m

3　式　　$1080 \div 15 = 72$

x	1080
1	15

答え　秒速72m

4　式　　$85 \times 4 = 340$

85	x
1	4

答え　340km

5　式　　$2560 \div 320 = 8$

320	2560
1	x

答え　8時間

> 旅人算と呼ばれる問題です。
> P106☆　違う方向へ向かう場合は両者の速さの和をもとにして計算します。
> P108☆　同じ方向に向かう場合は両者の速さの差をもとにして計算します。

P．106、107　速さの問題①

☆　① 式　　$70 + 60 = 130$

答え　130m

　　② 式　　$130 \times 15 = 1950$

答え　1950m

1　式　1分後　$200 + 60 = 260$

　　　　15分後　$260 \times 15 = 3900$

答え　3900m

2　式　1分後　$60 + 70 = 130$

　　　　20分後　$130 \times 20 = 2600$

答え　2600m

3　式　1時間後　$75 + 95 = 170$

　　　　6時間後　$170 \times 6 = 1020$

答え　1020km

P．108、109　速さの問題②

☆　① 式　　$65 - 60 = 5$

答え　5m

　　② 式　　$5 \times 15 = 75$

答え　75m

1　式　1分後　$60 - 50 = 10$

　　　　15分後　$10 \times 15 = 150$

答え　150m

2　式　1分後　$200 - 170 = 30$

　　　　20分後　$30 \times 20 = 600$

答え　600m

3　式　1時間後　$100 - 70 = 30$

　　　　7時間後　$30 \times 7 = 210$

答え　210km

P．110、111　速さの問題③

☆　① 式　　$5 + 4 = 9$

答え　9km

　　② 式　　$27 \div 9 = 3$

答え　3時間後

1　式　1分間で　$70 + 60 = 130$

　　　　出会うのは　$5200 \div 130 = 40$

答え　40分後

2　式　1時間で　$80 + 70 = 150$

　　　　出会うのは　$750 \div 150 = 5$

答え　5時間後

3　式　1分で　$65 + 55 = 120$

　　　　出会うのは　$3000 \div 120 = 25$

答え　25分後

☆　① 式　　700 ÷ 70 ＝ 10

答え　10分

② 式　　60 × 10 ＝ 600

答え　600m

1　① 式　　560 ÷ 70 ＝ 8

答え　8分

② 式　　65 × 8 ＝ 520

答え　520m

2　① 式　　4000 ÷ 200 ＝ 20

答え　20分

② 式　　180 × 20 ＝ 3600

答え　3600m

③ 式　　4000 － 3600 ＝ 400

答え　400m

3　式　原さんは何分で

4500 ÷ 180 ＝ 25（分）

谷さんはどこ　170 × 25 ＝ 4250（m）

後何m　　　　4500 － 4250 ＝ 250

答え　250m